生命計測工学

Measurement Techniques
for Life Sciences

工学博士 山口昌樹
医学博士 新井潤一郎 共著

コロナ社

「生命計測工学」 正誤表

頁	行・図	誤	正
43	13	cDNAには赤の … のターゲットcDNAは …	mRNAには赤の … のターゲットmRNAは …
43	15,16	… には, mRNA量も蛍光標識されたターゲットにcDNA量と同じに割合となり, このスポットは …	… には, このスポットは …
47	下から4	呼んでいるこの構想 …	呼んでいる. この構想 …
89	4	… どうしの接触による.	… どうしの接触による相互作用である.
91	15	一般的に細胞は負の …	一般的に細胞は強い光刺激から逃れようとする負の …
94	5	… 分裂ができなくなることが知られている.	… 分裂ができなくなるか, がん化することが知られている.
94	6	… その回数は受精卵から数えて約50回である.	その回数はテロメラーゼ(telomerase)活性がなくなってから約50回である.
96	下から5	細胞壁は, グラム陽性菌では … , グラム陰性菌では …	細胞壁は, グラム陰性菌では … , グラム陽性菌では …
98	1	4.2.2項で述べる.	4.2.3項で述べる.

①

頁	行・図	誤	正
98	下から1	…，ノズルに超音波をかけることで…	…，ノズルに超音波振動を加えることで…
105	14	食品分野では，HACCPの…	食品分野では，HACCP(ハセップ)の…
124	表5.2 受容器の欄 特殊感覚，	目（半規管 …）	耳（半規管 …）
143	8	どうかには意見の…	どうかは意見の…
144	下から8	血清の正常値は…	血清の基準値は…
146	6	…の正常値は…	…の基準値は…
153	図5.19 (b)	…汁…皮膚…プローブ回路…ケーブル…乾燥水蒸気…	…汁…皮膚…プローブ回路…ケーブル…乾燥水蒸気…

まえがき

　世界中の優れた才能が，渦を巻いて生命科学（ライフサイエンス）に流れ込んでいる。ゲノム研究が，科学技術の流れを根底から変えるほどの衝撃を与えた結果である。時を同じくして，日本でも物の豊かさから心の豊かさへと国民の意識が急速にパラダイム・シフトしつつあり，安くて便利であることだけでなく，人や環境にとって安全であることが重要視されるようになってきた。

　生命を科学するということは，人間を含む生物の仕組みを理解し，病気の診断や治療方法の開発を行うだけでなく，環境保全や工業生産への応用など膨大な分野を含めて研究しなければならない。ここに工学者がどのように切り込むかを考えた結果が，生命計測工学というタイトルであった。生命計測工学は，医学と工学の境界領域にある技術の一つである。生物が持つ性質を，生物固有のものとは見なさず工学的にも実現可能な性質と考えた場合に，その解明の鍵を握っているのは新しい計測技術を開発可能な工学系研究者にあると考えられる。特に，センサはそれ自体の重さがわずか数g程度しかなくても数十ドル，数百ドルもするものが数多くあり，現代の錬金術ともいわれている。日本の優れたエレクトロニクス技術を生命計測に応用し，高付加価値のデバイスを考案していくことは，工学者としての使命であるとともに夢でもある。

　ここで計測対象とする生命とは，個体そのものだけでなく生命情報が記録された遺伝子や，体内に存在して生命活動に利用されている生化学物質，生命の最小単位である細胞，それらが集まった組織，そして人体の仕組みや機能，性質や状態など，生命にかかわる現象の一部もしくはすべてを意味している。つまり，生命計測工学は「生命のシステムを計測対象とし，生命の持つ仕組みや機能，性質を理解し，解明するための計測技術」である。

　このように，生命計測では，その器（うつわ）である生体だけを対象とするのではな

く，生命のもとである遺伝子，生化学物質，細胞そして組織にも着目する必要があることから，ミクロな視点からマクロな視点へと順を追って考えて行けるような章構成とした。同時に，生理学，生化学の基礎から解説し，物理や化学の基本的な素養があれば，計測技術の原理や仕組みを理解できるように配慮したつもりである。このように，この本は大学生などが生命とその計測について一通りの勉強をするために書かれた本であるが，同分野に興味を持つ異分野の研究者にも参考書として活用していただければ，筆者らの大きな喜びとなるであろう。

　最後になるが，コロナ社には，本書の構成も含め，たいへんお世話になった。ここに記して感謝を申し上げる次第である。

2004年8月

山口　昌樹
新井潤一郎

目　　　次

1　生命を探る

1.1　何のために測るのか ……………………………………………………… 1
1.2　量と単位の重要性 …………………………………………………………… 5
1.3　生命計測に関する量 ………………………………………………………… 7
1.4　センサと量の変換 …………………………………………………………… 11
1.5　データ処理 …………………………………………………………………… 12
演習問題 …………………………………………………………………………… 15

2　遺伝子の計測

2.1　遺伝子とバイオテクノロジーの基礎技術 ……………………………… 17
　2.1.1　遺伝子という概念におけるDNA，染色体，ゲノムの違い ……… 20
　2.1.2　ゲノム解析テクノロジー ……………………………………………… 24
　2.1.3　遺伝子組換えテクノロジー …………………………………………… 32
2.2　遺伝子診断の可能性 ………………………………………………………… 36
2.3　ポストゲノム計測技術 ……………………………………………………… 41
　2.3.1　DNAマイクロアレイ …………………………………………………… 42
　2.3.2　タンパク質の高次構造解析 …………………………………………… 46
演習問題 …………………………………………………………………………… 47

3 生化学物質の計測

- 3.1 人体の機能 ……………………………………………… 48
- 3.2 人体の生化学物質 ………………………………………… 54
- 3.3 疾患と検査 ………………………………………………… 58
  - 3.3.1 検査の分類 …………………………………………… 60
  - 3.3.2 一般検査 ……………………………………………… 62
  - 3.3.3 生化学検査 …………………………………………… 64
  - 3.3.4 内分泌学的検査 ……………………………………… 66
  - 3.3.5 免疫学的検査 ………………………………………… 67
- 3.4 生化学的な分析法 ………………………………………… 69
  - 3.4.1 分析法の原理 ………………………………………… 70
  - 3.4.2 分析法の種類 ………………………………………… 72
- 3.5 計測技術 …………………………………………………… 75
  - 3.5.1 ドライケミストリー ………………………………… 76
  - 3.5.2 バイオセンサ ………………………………………… 77
  - 3.5.3 電気泳動装置 ………………………………………… 80
  - 3.5.4 HPLC …………………………………………………… 83
  - 3.5.5 SPRを用いたタンパク質解析システム …………… 84
- 演習問題 ………………………………………………………… 86

4 細胞・組織の計測

- 4.1 細胞と組織 ………………………………………………… 87
  - 4.1.1 細胞で解明できる機能 ……………………………… 88
  - 4.1.2 細胞計測の分類 ……………………………………… 90
  - 4.1.3 ES細胞 ………………………………………………… 92
  - 4.1.4 組織の特性 …………………………………………… 95
- 4.2 血球・培養細胞の計測技術 ……………………………… 96

  4.2.1 フローサイトメトリー法による細胞表面抗原の計測 …………… 97
  4.2.2 電子顕微鏡による細胞構造の計測 ……………………………… 99
  4.2.3 免疫組織化学による細胞構造の計測 …………………………… 102
 4.3 細菌・真菌の計測技術 ………………………………………………… 105
  4.3.1 酸素電極法の原理 ………………………………………………… 106
  4.3.2 食品計測への応用 ………………………………………………… 108
 4.4 ES 細胞の応用技術 ……………………………………………………… 110
 4.5 人工臓器と組織の再生 ………………………………………………… 113
  4.5.1 人工心臓のシステム構成 ………………………………………… 114
  4.5.2 人工心臓の計測制御 ……………………………………………… 117
演 習 問 題 ………………………………………………………………………… 119

5　生体の計測

5.1 人 体 の 特 性 …………………………………………………………… 120
 5.1.1 ヒトの特性の捉え方 ……………………………………………… 120
 5.1.2 感　　　　覚 ……………………………………………………… 122
5.2 非 侵 襲 計 測 …………………………………………………………… 125
 5.2.1 非 侵 襲 と は ……………………………………………………… 125
 5.2.2 無拘束・無意識計測 ……………………………………………… 131
 5.2.3 非侵襲計測技術 …………………………………………………… 133
5.3 感 性 の 計 測 …………………………………………………………… 137
 5.3.1 感性，ストレスと心理計測 ……………………………………… 137
 5.3.2 心理計測の技術 …………………………………………………… 141
 5.3.3 化学量の計測技術 ………………………………………………… 147
 5.3.4 電気量の計測技術 ………………………………………………… 149
 5.3.5 光学量の計測・画像解析技術 …………………………………… 151
 5.3.6 物理量の計測技術 ………………………………………………… 152
演 習 問 題 ………………………………………………………………………… 155

付録　生命と倫理

1　工学倫理 …………………………………………………… 156
2　遺伝子工学にかかわる規制と生命倫理 ………………… 159

参 考 文 献 ……………………………………………………… 166
索　　　引 ……………………………………………………… 169

1 生命を探る

　生命計測工学とは，いのちを探る技術であり，知的好奇心を満足させるだけのために測るのではなく，病気や体調の変化などを早期に発見することによって私たちの生活の質を向上し，快適な生活を行うために役立つ情報を得るための技術である。ここでは，まず初めに計測の中心となるセンサについて理解し，従来の工業計測に対する生命計測の特殊性について考える。

1.1 何のために測るのか

　私たちは，相手の顔を見たり声を聞いたりして他人を認識している。また，美しい花の香りを嗅いだり，料理のうまみを味わったり，ひやりとした金属の冷たさを肌で感じたりすることによって，愛，喜び，悲しみなどの**情動**†（emotion）を感じている。さらに，これらの複数の感覚をもとに脳で判断し，その結果として食行動，性行動などの行動にも結び付いている。このように，

[用語解説]
　† 情動というのは，医学や心理学で用いられる専門用語であり，感情，情緒，感動といったほうが理解しやすいであろう。それらの違いは，情動は「感情の動きだけでなく，それに伴って起こる行動や身体的・生理的変化のすべてを含んだ過程」として捉えられていることである。基本的な情動としては，愛，憎しみ，喜び，悲しみ，驚き，欲望の六つが挙げられる。生命計測工学において，情動はたいへん重要なキーワードの一つであり，情動と工学の結び付きについては5.3節でも考えることにする。

ヒト[†]は**視覚**(visual sensation または vision),**聴覚**(auditory sensation または audition),**嗅覚**(olfactory sensation または olfaction),**味覚**(gustatory sensation または gustation)を知覚する特定の感覚器や,皮膚や関節,筋肉で感じる**体性感覚**(somatic sensation),内臓の動きや痛みを感じる**内臓感覚**(organic sensation)を備えており,「測る」ことによって自分自身や外界を認識しながら行動している。

> [用語解説]
> [†] 医学,薬学,生物学などの分野では,人間のことをヒトと表記し,研究対象として扱うことが多いので,特に断らない限りそれにならうことにする。測定対象であるヒトを,**被検者**(検査の"検"),あるいは**被験者**(実験の"験")という。本書では被検者で統一する。英語では subject である。

人類は,その歴史の中で重さ,長さや温度といった**量**(unit)を用いて,自分の体重,身長や体温を数値化してきた。このように,量に基準を与えることを**規格化**(normalization)するという。こうすれば,ある特定の人にしか理解できなかった現象を一般化して,だれでも理解し利用できる量とすることができる。すでに,現代に生きる私たちにはさまざまな基準で定められたものさし(=計量の基準)が用意されているので,身の回りで起こる物理現象や化学現象を測ることができる。体重と聞いただけで,だれもが同じイメージを頭の中で描くことができることが重要なのである。

工学的には,測ることを**計測**(measurement)といい,これは測定する対象を量的に把握し,情報として活用できるようにするための枠組みである。すなわち,計測とは特定の目的を持って物事を量的に捉えるための方法や手段を深く掘り下げて考え出し,それを実施し,その結果を利用することと定義できる。計測のためには,**物理量**(physical units)や**化学量**(chemical units)を計測するための道具が必要になり,それらはセンサあるいは検出器と呼ばれている。この**センサ**(sensor)は,計測において最も重要な構成要素である。

例えば,家庭や公共施設で利用されているエアー・コンディショナー(エア

コン）では，温度の変化を温度センサで検出し，得られた温度情報は電気回路を経由して制御回路に伝えられ，そこで電気的に処理してヒーターやクーラーのON・OFF制御を行い，温度を調整している。**図1.1**は，ヒトが備えている感覚を示したもので，それを計測システムと対比させると感覚器はセンサに相当し，そこで捉えられた内部環境と外部環境の情報が，神経系（＝電気回路）によって脳（＝制御装置）へ伝えられて処理されていることを示している。このように，知らず知らずのうちにヒトも同じような仕組みでつねに自分自身や外界を計測し制御しており，また計測と**制御**は密接な関係にある。

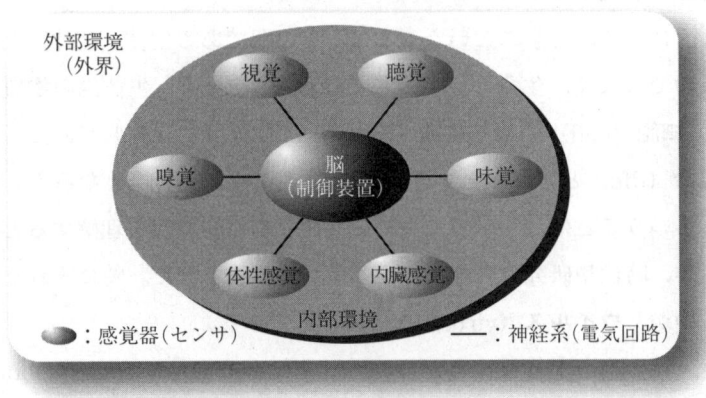

図1.1 ヒトが備えている感覚と計測システムとの対比

さて，本書で学ぶ**生命計測工学**（measurement techniques for life sciences）は，**バイオテクノロジー**（biotechnology）の一分野である。バイオテクノロジーとは，**バイオロジー**（**生物学**，biology）と**テクノロジー**（技術，technology）の合成語であり，その定義は明確ではなく国や立場によって少しずつ見方が異なっている。狭義には遺伝子技術を使って新しい**微生物**（microorganism）および植物系統を組み立て，特定部位の突然変異体を作り，製品の量や質を向上させることとされ，**遺伝子工学**（gene engineering）が中心に据えられているのに対し，欧米の産業界では**生命科学**（bioscience）の技術を工業的に応用する技術と広く捉えられているようである。ここでは，「生

物の持っている働きを人々の暮らしに役立てる技術」と広い視野で理解していこう。

さて，生物学では**生物**を organism といい，生命現象を営むように構成された個体そのものを指す。それに対して，ここで計測対象とする生命とは，個体そのものだけでなく生命情報が記録された遺伝子や，体内に存在して生命活動に利用されている生化学物質，そして細胞や組織の仕組みや機能，性質や状態など，生命にかかわる現象の一部もしくはすべてを意味している。つまり，生命計測工学は「生命のシステムを計測対象とし，生命の持つ仕組みや機能，性質を理解し，解明するための計測技術」である。

このように，生命を学ぶということは，その器である生体（個体）だけを対象とするのではなく，生命のもとである**遺伝子**（gene），生体内の物質（生化学物質），**細胞**（cell）そして**組織**（tissue）にも着目する必要がある。その理由は，**生命**（life）とは何かという定義を考えればより明瞭となろう。生命を定義するということは，すべての生物に共通な本質的特性を理解するということであるが，時代や研究分野などで少しずつ異なってきた。特にそれを難しくしているのが，**ウイルス**（virus）などの存在である。

ウイルスは，自分を複製するための設計図である**DNA**（deoxyribonucleic acid）や**RNA**（ribonucleic acid）などは備えているが，**ミトコンドリア**（mitochondria）など細胞分裂に必要とされる道具一式を持っていない。生物の定義を**自己再生産**の道具（すなわち細胞）を持つものと定義するとウイルスは生命体に入らないが，自己再生産の設計図（すなわち**ゲノム**）を持つものと考えれば，ウイルスも生命体に入る。現在は，後者の考え方がより一般的である。ただし，生命体全般を考えると生命計測の対象が広がり過ぎてしまうので，本書では特に興味深いヒトを計測対象の中心に据えて学んでいこう。

ヒトの生体を対象としたとき，生命計測により得られた情報は，私たちの**生活の質**（quality of life，**QOL**）を向上し，快適な生活を行うためにも重要であろう。すなわち，生命計測工学は**健康・福祉・医療**分野での応用が期待できる。

1.2 量と単位の重要性

　未知の現象を理解するには，まずその現象を引き起こしている原因が何であるかを理解するために定性的な分析（**定性分析**，qualitative analysis）を行い，つぎに原因の絶対量を求める定量的な分析（**定量分析**，quantitative analysis）が行われるのが一般的である。**化学分析**（chemical analysis）を例にとると，未知の試料の中に含まれる元素や化合物などの種類を知る（**同定**するという）ことを目的とするのが定性分析であり，未知の試料の中に含まれる元素や化合物などの量を知ることを目的とするのが定量分析である。すなわち，**定量化**するということは数値化するということである。

　今日までに定量化されてきた未知の現象は，その発見者の偉業を称え長く人類の歴史に刻むために，その名称に研究者の名前を冠したものが多い。ニュートン（Newton），ワット（Watt），テスラ（Tesla）などみなそうである。このように，長い年月にわたってさまざまな現象が研究されてきたおかげで，私たちはその遺産である体系化された計測の基準を利用することができる。

　科学技術の発展がイギリス，ドイツ，フランス，米国などの国ごと，地域ごと，学問分野ごとなどで並行して進められたという歴史的経緯などにより，英語，ドイツ語，フランス語など複数の言語があるのと同じように，残念ながら，本来同じ量であるのに異なった基準で表現されていることがあるのが現状である。長さを例にとって見ても，メートル（metre），ヤード（yard），マイル（mile），尺，里などの種類がある。しかも，メートルは10進法であるが，ヤードは10進法ではない。ヤードになじみの薄い日本人にとって，それを瞬時に普段使っているメートルに換算することは困難である。

　そこで，世界中の人々が共通の基準に従ったほうが便利であるという認識から，国際的な基準が定められている。それが，1960年に国際度量衡総会で決定された**国際単位系**（International System of Units，**SI**）である。一般に，量を体系化するためには，以下の事項が重要である。

1） 量の定義　　2） 基準として用いる量　　3） 計測技術

　定義や基準となる量が正確で理解しやすく，だれもが実現可能な計測技術でなければ，多くの人に採用してもらえない．これらが同時に実現されて，初めて新しい現象を定量化することができるのである．

　SI は，**SI 単位**と **SI 接頭語**から構成される．**表 1.1** は，SI 単位の七つの**基本単位**と二つの**組立単位**を示す．時間の単位記号を［sec.］などと記載した文献を目にすることがあるが，これは国際的ではなく SI 単位では単に［s］と記

表 1.1　SI 単位系の七つの基本単位と二つの組立単位

	量	量記号[*1]	単位記号	単位記号の名称	定　義
基本単位	時　間 (second)	t	s	秒	セシウム（^{133}Cs）の固有振動数から定義
	長　さ (meter[*2])	l	m	メートル	光が真空中で 1/299 792 458 秒間に進む距離で定義
	質　量 (kilogram)	m	kg	キログラム	直径・高さとも 39［mm］の円柱形で，白金 90 ％とイリジウム 10 ％の合金でできている国際キログラム原器の質量で定義
	電　流 (ampere)	I	A	アンペア	真空中で平行に置かれた 2 本の直線状導体それぞれに電流を流したときの単位長さ当りに作用する力で定義
	温　度 (kelvin)	T	K	ケルビン	水の三重点（氷，水，水蒸気が平衡して共存できる温度）で定義され，国際温度目盛（器具）が使用されている
	物質量 (mole)	n	mol	モル	0.012［kg］の炭素（^{12}C）の中に存在する原子と等しい数の構成要素（原子，分子，イオンなど）を含む粒子の集団として定義
	光　度 (candela)	I, I_V	cd	カンデラ	特定波長の単色光の特定方向への放射強度で定義
組立単位[*3]	平面角 (radian)	$\alpha, \beta, \gamma, \theta, \varphi$ など	rad	ラジアン	半径の長さに等しい長さの弧を切り取る 2 本の半径の間に含まれる平面角
	立体角 (steradian)	Ω	sr	ステラジアン	球の半径を 1 辺とする正方形に等しい面積を球の表面上で切り取る立体角

[*1]　わが国では，日本工業規格（JIS）で規定
[*2]　米語．英語では metre
[*3]　固有の名称を持つ組立単位は，このほかに周波数，力，電力など 19 が定められている

すことになっている。また，文字の書体（フォント）は，**量記号**にはやや右に傾いた書体である**イタリック**（italic）を，**単位記号**には傾きのない**ローマン体**（roman type）を用いると区別しやすく望ましいとされる。本書では，量記号との区別をつけやすくするために，単位記号を[　]で囲んで示す。

そして，私たちは日常センチメートルとかキロメートルといった単位記号を利用しているが，メートルの前に付いたセンチやキロなどの10の累乗を示す記号を**接頭語**という。**図1.2**は，SIで採用されている接頭語を示す。例えば，長さでは10^{-3}［m］は1［μkm］ではなく1［mm］と表すように，接頭語は二つ以上併記せず，あくまで基本単位である［m］を基準として表す。特に，μ（マイクロ）はギリシャ文字であるμ（ミュー）とはまったく別の記号であることに注意されたい。

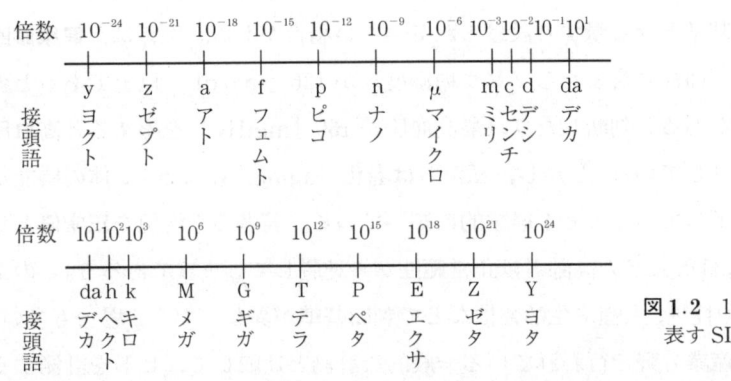

図1.2 10の累乗を表すSI接頭語

1.3　生命計測に関する量

SI単位において，電流は「真空中に1［m］の間隔で平行に置かれた無限に小さい円形断面積を有する2本の直線状導体のそれぞれを流れ，これらの導体の長さ1［m］ごとに2×10^{-7}［N］の力を及ぼし合う電流」で定義されていると表1.1で説明した。これは，間隔d［m］で置かれた2本の平行導線に電流I_1, I_2［A］が流れているとき，両導線の間には電流I_1, I_2の積に比例し，

間隔 d に反比例する力 F [N/m] が働くという物理現象をアンペール（Ampère，フランスの物理学者）が発見したことに基づいている。

$$F = k\frac{I_1 I_2}{d} \text{ [N/m]} \tag{1.1}$$

ここに，k：比例定数，$k = 2 \times 10^{-7}$ [N/A^2]。

このように，数学的**定式化**は，未知の現象を一般化させる最も有効な手法である。しかし，生命計測の対象となる量は，物理量や化学量だけでない。疲れた，楽しいなどのヒトの**感性**に関する分野では，まだ基準が設けられていないものも多い。すなわち，生命計測に関する量は，このような法則に基づいて定義できない場合があることを知っておく必要がある。

つぎに，生命計測では測定される対象（被測定対象）が持つ**多様性**も，計測を難しくしている。計測対象をヒトに置いた場合，条件によって判断基準が異なる量や，基準となる量すら設けられていない場合がある。例えば，**健康診断**では**血糖値**（血液に含まれるブドウ糖濃度）が 126 [mg/dL] 以上であると糖尿病の疑いがあると判断したり，最高血圧が 160 [mmHg] を超えると**高血圧**に分類したりしている。しかし，私たちは**老化**（aging）によって，体の機能がしだいに低下していくことを経験的に知っている。若者の平均値を**正常値**としてしまえば，ほとんどの高齢者は正常範囲から逸脱してしまうであろう。このように，年齢や性別，人種や生活習慣などで判断基準が異なってくる場合も多い。

さらに，産業分野で行われている一般的な計測と比較して，ヒトを計測する場合の**特殊性**としては，以下の事項が挙げられる。

1) **非破壊**を目指す　　測定対象は生命活動を行っているので，破壊は最小限にとどめる
2) **生体安全性**　　装置が生体に触れる部分は，毒性や発がん性などを持たない
3) **倫理**　　測定対象には意思や感情があるので，計測による精神的・肉体的苦痛は最小限にとどめる
4) 計測データの**信頼性**　　注目している現象に関連する要因が多い割に

は，高い測定精度が要求される

非破壊（的）（non-destructive）とは，工業計測でおもに用いられる**専門用語**（technical term）であり，生命計測工学でヒトを測定対象とするときは**非侵襲**†（的）（noninvasive）という。侵襲とは，生体内の環境を乱す可能性のある外部からの刺激または攻撃を意味する医学用語で，手術，外傷，中毒，感染，脱水などを指し，外科的侵襲，手術侵襲などという言葉がある。つまり，非侵襲とは身体を著しく侵襲して**精神的**（psychological）・**肉体的**（physical）**苦痛**を与えないことを意味している（5.2節を参照）。

［用語解説］
† 日本語では**無侵襲**ともいうが，英語では同一である。本書では，非侵襲を用いる。

生体安全性としては，毒性や発がん性がないだけでなく，化学的に安定で体液によって計測装置に用いられている材料が変化しない，周囲に炎症や**アレルギー反応**などの生体反応を起こさないなど，さまざまな要求性能を満足する必要がある。医療分野では，**図1.3**に示すような人工の**器官**（artificial organs）†の研究開発が進められており，**人工皮膚，人工骨，人工血管**などすでに実用化

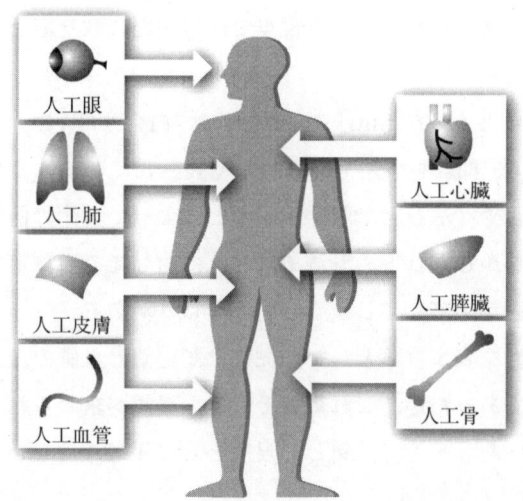

図 1.3　人工臓器の種類

> [用語解説]
> † "organs"は，器官と**臓器**の両方の意味を持ち，英語圏では human-designed spare parts を指す用語として "artificial organs" が用いられている。日本語の臓器は，体の内部，特に胸腔と腹腔に存在する器官を指し，眼球や骨髄を含むこともある。よって，人工皮膚や**人工血液**も含まれる "artificial organs" を**人工器官**と翻訳したほうが意味は広くなり正確だろう。しかし，"artificial organs" の研究が人工心臓と**人工腎臓**（血液透析）を中心に始まったという歴史的経緯から，わが国では "artificial organs" に対する医学用語として人工臓器が用いられている。このように，専門用語はその歴史的な経緯に左右されることが多く，命名者の責任は重大である。

されている器官もあるが，臓器は**補助人工心肺装置**などの一部を除いてほとんど研究段階にある。**人工眼，人工心臓，人工肺**や**人工膵臓**などの**人工臓器**では，その制御のために計測も同時に必要とされており，これらの開発を困難にしている理由の一つはセンサにある。なぜなら，体内に埋め込んでも長期間安定して性能を発揮できるセンサの開発が難しいからである（4.5 節を参照）。

倫理面を端的に表現すると，生活の質（QOL）を維持することといえよう。もともと，QOLは経済学の分野で使われていたが，医学用語としても世界的に定着した。技術者は，計測するために被検者に強制や拘束を要求してその生活の質を下げることがあってはならないという視点で技術開発に取り組む立場にあることを忘れてはならない。

質量の定義が，直径・高さとも 39 [mm] の円柱形で，白金 90％とイリジウム 10％の合金でできている国際キログラム原器で定義されているように，工業計測では計測条件を材質や寸法などで限定することによって計測の信頼性を向上することもできる。しかし，ヒトの計測ではだれに対してでも測定できなければ，その量の利用価値が半減してしまうという難しさがある。

また，計測データの信頼性を表す言葉として，従来は測定値と真値の差を表す**誤差**という考え方が基本であったが，これにはそもそも真値が求められるかという問題がつきまとっていた。そこで，新しい尺度として**不確かさ**（uncertainty）という考え方が用いられ始めている。これは，計測によって得られる情報の曖昧さの程度を表しており，統計解析により**標準偏差**（standard deviation，**SD**）を求める評価と，それ以外のさまざまな情報から標準偏差に相当する大きさを推定する評価を行い，これら両面から真値が存在する範囲を推定したものである。

1.4 センサと量の変換

　生命に限らず，計測するにはいくつかの道具が必要であり，その一つとして物理量や化学量などの情報を検出する素子であるセンサ（検出器）が用いられることはすでに述べた。もともと，センサは単に情報の検出器を表す専門用語であるが，実際には情報を検出すると同時により扱いやすい量，すなわち電気信号に変換するものが多い。

　それに対して，情報だけでなくエネルギーを変換する機器を**トランスデューサ**（transducer）と呼んでいる。例えば，電気工学では**商用交流電圧**（100［V］）を5［V］や15［V］などの**直流電圧**に変換する素子を**電圧トランスデューサ**と呼んでいる。このように，いずれも変換器であることから，センサとトランスデューサはほぼ同義語として扱われている。本書では，物理量や化学量などの情報を検出して，より扱いやすい量に変換する素子をセンサと呼び，トランスデューサも同じ意味を表すこととする。

　図1.4には，代表的な量とその変換の組合せを示した。矢印一つ一つが，さまざまな法則を表していることになる。例えば，ある種の結晶に特定の方向の力を加えると，力に比例した電気分極が発生し，その結晶表面に正負の電荷が生じるという**圧電効果**（piezoelectric effect）は，**力学量**と**電気量**を結ぶ矢印の一つである。これを利用したのが，圧力を電気信号に変換する**圧力センサ**である。また，2種類の金属をつないで閉回路を作ったときにできる二つの接点を異なる温度に保つと回路内に電流が流れるという**ゼーベック効果**（Seebeck effect）は，**熱量**と**電気量**を結ぶ矢印の一つである。これを利用したのが，温

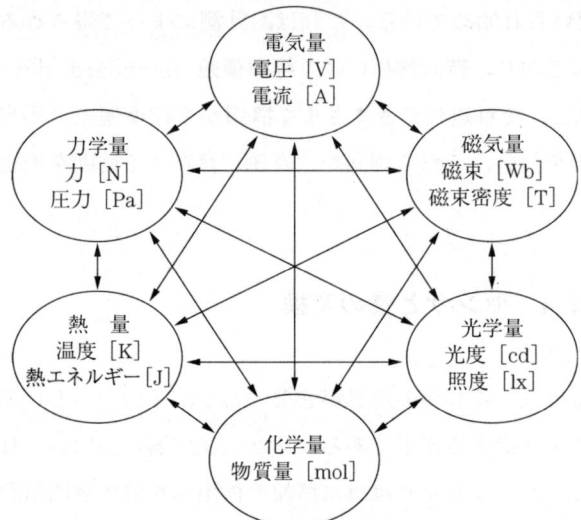

図 1.4　代表的な量とその変換の組合せ

度を電気信号に変換する**温度センサ**である。

このように，いままでに発見されてきたさまざまな法則に基づいて，私たちは物理量や化学量を他の量に変換することができ，原理的には法則と同じ数のセンサを考案できる可能性がある。ただし，より扱いやすい量に変換する素子がセンサなので，ほとんどのセンサでは電気量が出力となるように設計されている。そして，もし新しい法則が発見されると，いままでになかった新しいセンサを発明することができる。今後も，新たな生命現象が発見されるたびに，新しいセンサが生まれることが期待される。

1.5　データ処理

図 1.5 は，**計測システム**の構成を示しており，観測者が知りたい情報を得るまでにどのような経路をたどるかを説明している。計測の流れは，
1) センサで現象（量）を検出し，
2) 検出した情報を扱いやすい量に変換し，
3) 観測できる形に処理して表示する

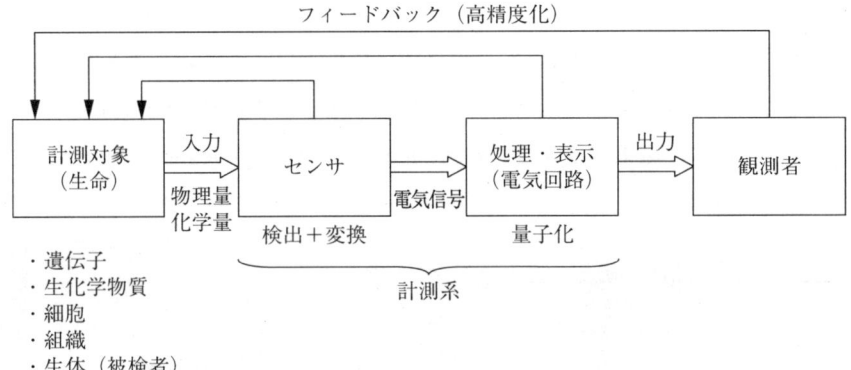

図 1.5 計測システムの構成とその情報の流れ

となっており，センサだけでなく処理装置，表示装置など複数の要素からなる**システム**が必要であることがわかる．さらに，計測精度を向上するためには，結果を観測しながらつぎの操作を決定する操作が必要となり，出力の一部を入力側へ返送することがある．これを，**フィードバック**（帰還，feedback）という．ヒトも，視覚や聴覚などの感覚器で捉えた情報を脳で判断して行動しているが，感覚器から得られる情報の変化をつねに脳へフィードバックしてつぎの行動を決定しており，同じようなメカニズムのもとで制御されているといえよう．

さて，観測された信号は，**連続信号**（continuous signal）であり，**アナログ信号**（analog signal）ともいう．この連続信号を数値計算で処理するためには，一定間隔で値の**標本**をとることによってバラバラにした値の列に置き換えたり，その数値をある単位の大きさの整数倍で表したりする必要がある．このように，連続的な値をとる量をとびとびの値をとる量にすることを**離散化**（discretion）するといい，時間的に離散化することを**標本化**（**サンプリング**，sampling），量的に離散化することを**量子化**（quantization）という．いい換えれば，量子化とは離散化された数値をある単位の大きさの整数倍という有限個の値で置き換えることである．

エアコンで室温の制御をする場合を例にとると，あまり頻繁な制御は必要ないのでせいぜい 1 分おきに温度を測定すれば十分であり，温度の精度も小数点

14　　1. 生 命 を 探 る

以下一桁もあれば十分とする．このとき，室温はサンプリング間隔1分で標本化され，最終的に温度は 0.1［℃］の整数倍で量子化されていることとなる．

　離散化された信号（discrete signal）は，**ディジタル信号**（digital signal）ともいう．特に，**電気電子工学**（electrical and electronics engineering）に

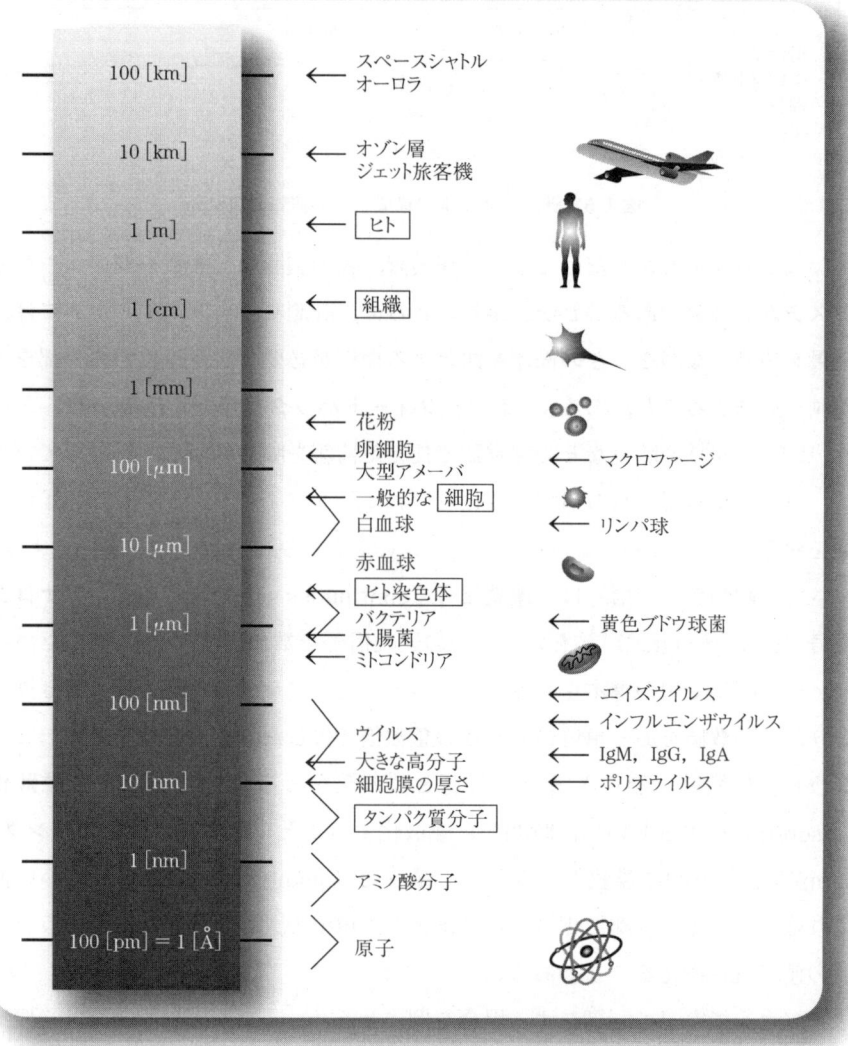

図 1.6　生命とそのサイズ

おいてこの標本化と量子化を合わせて**アナログ-ディジタル変換（A-D 変換）**といい，2 進数値，すなわち 2^n の有限な数に変換するのが一般的である。このとき，量子化によって生ずる最小桁の 1 に相当する不確定範囲が**量子化誤差**（quantization error）である。

本書では，ヒトを中心に生命計測を学んでいくわけであるが，ヒトを知るためには人体そのものだけでなく生命情報が記録された遺伝子や，体内に存在して生命活動に利用されている生化学物質，そして細胞や組織の仕組みや機能，性質や状態なども知る必要があろう。本書では，**図 1.6** に示すようにミクロな視点（DNA，血液など）からマクロな視点（人体）へと被測定対象を広げながら順を追って学んでいける構成となっている。

❄❄❄❄❄❄❄ 演 習 問 題 ❄❄❄❄❄❄❄

1. SI 単位，および JIS の英語名称を答えよ。
   SI 単位：_____
   JIS：_____

2. SI 単位および JIS に従い，**表 1.2** の空欄を埋めよ。

   表 1.2 量と単位

量	量記号	単位記号	単位記号の名称
○長さ	l	m	
○質量	m		
○時間	t	s	秒
周波数	f		
○電流	I	A	アンペア
電荷	Q		
電圧	V	V	ボルト
抵抗		Ω	オーム
静電容量	C		
密度	ρ		
○熱力学温度			
○物質量		mol	
○光度	I, I_v		

   〔注〕 ○は基本量を示す。

1. 生命を探る

3. (a)～(g)に当てはまる適切な語句を答えよ。

　　計測とは，対象物の形状や諸現象を量的に決定する手順である。測定量を表現する場合，国際的に統一された単位を用いれば便利であることから，現在では世界的に(a)が用いられている。この(a)では，長さ・時間・質量などの(b)に対して，l, t, mなどの(c)，[m], [s], [kg]などの(d)，およびメートル，秒，キログラムなどの(e)が与えられている。このような物理量・化学量の検出・変換に用いられる変換器を(f)と呼び，その出力は扱いやすい(g)として出力されることが多い。

4. 下記法則の意味と，それが結び付ける二つの量を説明せよ。

　　（1）ヘンリーの法則（Henry's law）
　　（2）ラウールの法則（Raoult's law）
　　（3）フィックの法則（Fick's law）
　　（4）ボイル-シャルルの法則（Boyle-Charles law）
　　（5）ファラデーの電気分解の法則（Faraday law of electrolysis）

5. (a)～(e)に当てはまる適切な語句を答えよ。

　　センサは，(a)や物理量などの情報を検知する素子であり，トランスデューサとも呼ばれる。センサによって変換される物理量には電気量，磁気量，機械量，(b)などさまざまなものがある。すなわち，新しい物理現象が発見されると，それに応じた新しいセンサが生み出されることなる。生命計測において，まずセンサによって注目する計測対象の量を計測し，つぎに処理・表示を行う(c)によって観測者が判断可能な量に変換される。この計測・変換には，受動的計測や(d)，アナログ変換や(e)が利用される。

6. アナログ-ディジタル変換では，どのような誤差が生じるか，その原因がわかるように説明せよ。

2
遺伝子の計測

　米国のベンチャー企業セレーラ・ジェノミクス社は「ヒト遺伝子の 90％の解読を終えた」と，2000 年に発表を行った。この発表は 21 世紀が遺伝子の時代であることを，研究者のみならず一般の人々に印象づけた。20 世紀は，いくつもの国際紛争・環境問題を通して，科学技術の進歩が必ずしも人類の幸福に寄与するわけではないことを教えてくれた。私たちは遺伝子計測・操作に関する技術進歩が，これからの社会にどのような影響を与えることになるのかについて，無関心ではいられない。ここではまず遺伝子がどのような物質でできているかを調べ，DNA，染色体，ゲノムなどの概念を整理する。さらに遺伝子を解析および改変する技術について述べ，これらの技術がどのように実用化されているかについて考える。

2.1　遺伝子とバイオテクノロジーの基礎技術

　ヒトを含めたすべての生物において，親と同じ形と性質を持った子が生まれ，**種**（species）の継続性が保たれている。外見だけでなく，外から見えない部分でも子は親に似ている。このように生物が独自に持っている形と性質を**形質**（phenotype）といい，親から子へ形質が伝わることを**遺伝**（heredity）という。図 2.1 に示すように，遺伝とは「カエルの子はカエル」という諺そのものを表している。

　20 世紀初めに，グレゴリー・メンデル（G. D. Mendel）のエンドウ豆を用いた遺伝様式の研究などから，親から子へ形質を伝える特別な物質の概念が提案された。この物質が**遺伝子**（gene）と命名され，一つの形質が一つの遺伝

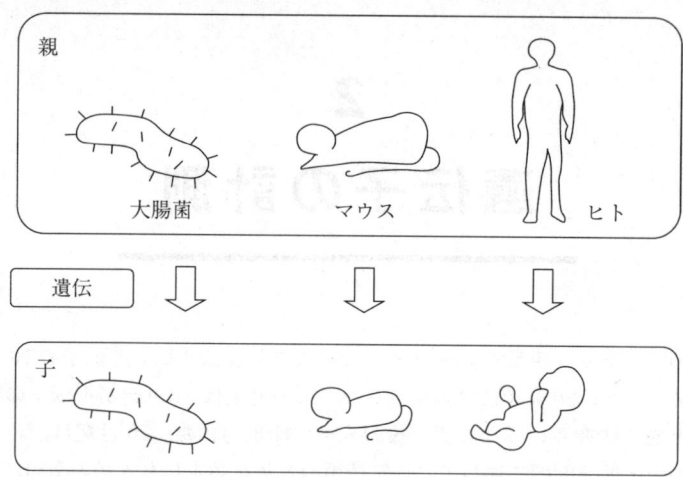

図 2.1 遺伝とは「カエルの子はカエル」という諺を実行すること

子に対応すると考えられた。そもそも遺伝子は，遺伝的形質を伝える仮想因子の概念として確立され，**表 2.1** で示すようにその性質が調べられていった。

表 2.1 遺伝子解明の流れ

年	研 究 成 果
1930 年代	染色体地図の作成（ショウジョウバエ）
1940 年代	一遺伝子一酵素説（アカパンカビ）
1950 年代	遺伝子の本体が DNA であることの証明
1953 年	DNA 二重らせん構造の解明
1965 年	DNA 遺伝子暗号の解明
1970 年代	バイオテクノロジーの急速な進歩

ショウジョウバエ（*Drosophila*, fruit-fly）の交配実験により，遺伝子は細胞の中の**染色体**（chromosome）上にあることが確認され，遺伝子が染色体のどの位置にあるかを示す**染色体地図**（chromosome map）が作られた。しかしその時点では，まだ遺伝子の本体は明らかにされていなかった。

つぎにアカパンカビなどを用いた研究により，遺伝子が指定しているのは**酵素**（enzyme）であり，その酵素によって遺伝的形質が決まるという，遺伝の仕組みの一端が解明され始めた。遺伝的形質とは髪の毛の形状や皮膚の色といった生まれつきの性質を指す言葉であり，この形質は親から子へと受け継がれ

る。これに対して後天的に得た性質を獲得形質という。遺伝子が指定しているのが酵素であるというこの説が，**一遺伝子一酵素説（one gene-one enzyme hypothesis）**である。

その後，遺伝学や酵素化学の進歩により，いくつかの遺伝子の作る異なるポリペプチドが特異的に会合して酵素として働く例や，一つの遺伝子の作る同じポリペプチドが別々の酵素の成分となる例が見いだされたので，この説は「**一遺伝子一ポリペプチド説（one gene-one polypeptide chain hypothesis）**」といい換えられることになった。ポリペプチドはアミノ酸がペプチド結合により多数連なった化合物を指す概念である。ポリペプチドはタンパク質といい換えることが可能である。

さらに遺伝子の本体はそれまで考えられていたタンパク質でなく，DNAであることが証明され，X線による構造解析によりDNAが直線的につながった二重らせん構造であることが解明された[†]。その後の研究でDNAの**遺伝暗号**（genetic code）の全容が解明され，これまでの研究を基礎としてバイオテクノロジーが急速に進歩することとなった。

［用語解説］
[†] 1953年，国際的科学雑誌のネイチャー（nature）4月25日号にわずか2ページの論文が掲載された。その論文は「われわれはDNA塩基の構造を提案したいと考える。この構造には，生物学的に見て非常に興味深い特徴が備わっている。」という書き出しで始まっている。論文の著者はジェームズ・ワトソン（J. D. Watson）とフランシス・クリック（F. H. C. Crick）である。この論文で，遺伝子の本体がわずか4種類の塩基による二重らせん構造であることが明らかになり，この年が「バイオテクノロジー」の幕開けの年となった。両者はこの発見でノーベル賞を受賞することになる。

遺伝子を操作することは，遺伝子の本体が明らかになって初めて行われた技術かというと，そうではない。遺伝的形質が同一の個体を**クローン**（clone）といい，ヒトの場合では一卵性双生児はこのクローンに当たる。ヒツジのドリーの誕生やクローン人間の倫理上の問題などで，一般のニュースにも取り上げ

られることの多いクローン技術も，じつは「挿し木」などの手法として農作物の育種・種苗の分野では昔から行われてきた。クローンという言葉も，「植物において栄養生殖によって生じた個体の集団またはその子孫」という意味で，最初は植物について名づけられた。

人間は昔からカビや酵母を積極利用して，味噌・醬油・酒・チーズなどの食品を作る技術を確立してきた。微生物の代謝を好ましい性質として利用する場合，その代謝を発酵といい，腐敗と区別する。また発酵を用いて食品を作る技術を醸造技術といい，これもバイオテクノロジーである。

ただし，それまでの育種・種苗・醸造分野におけるバイオテクノロジーが経験の蓄積をもとにしているのに対して，その後のバイオテクノロジーは遺伝研究の成果をもとにした理論的なものであることが違っている。バイオテクノロジーの中で遺伝子の本体が明らかにされる以前に行われてきた分野を「オールドバイオ」，遺伝子組換えテクノロジーが確立した以降に発生した分野を「ニューバイオ」として区別している。

2.1.1　遺伝子という概念における DNA，染色体，ゲノムの違い

遺伝的形質を伝える仮想因子の概念として確立された遺伝子であったが，遺伝子の本体が何であるかという研究が盛んに行われた。遺伝子の最も有力な候補は，細胞に含まれる量が多い**タンパク質**（protein）と**核酸**（nucleic acid）であったが，ジェームズ・ワトソン（J. D. Watson）とフランシス・クリック（F. H. C. Crick）によって，DNA の二重らせん構造が解明されたことにより，遺伝子の本体が**デオキシリボ核酸**（deoxyribonucleic acid，**DNA**）であることが確定し，それまでの論争に終止符が打たれた。

DNA は細胞内でタンパク質を合成するときの設計図として働き，タンパク質を介して形質を親から子へと伝える働きをする。また DNA 自身は，細胞分裂の際に複製されて娘細胞へと伝えられる。図 2.2 には，その複製のメカニズムを模式的に表す。ここでいう「娘」とは「子」の意味である。生物学の分野では娘という表現がよく使われる。さらに図 2.3 に示したように，一つの遺伝

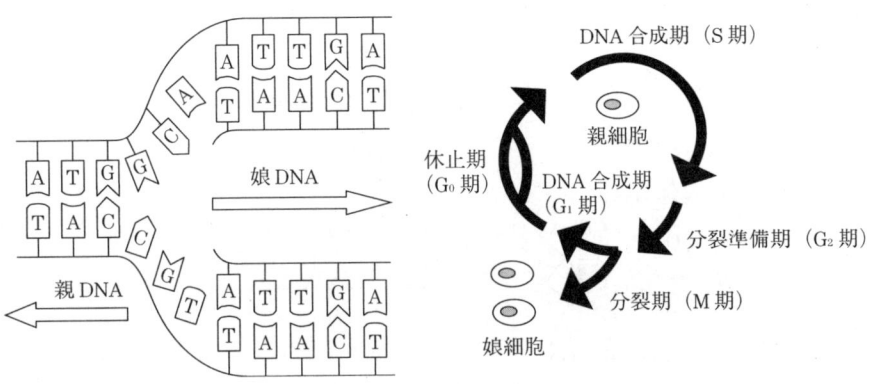

図2.2 DNAの複製メカニズムの模式図

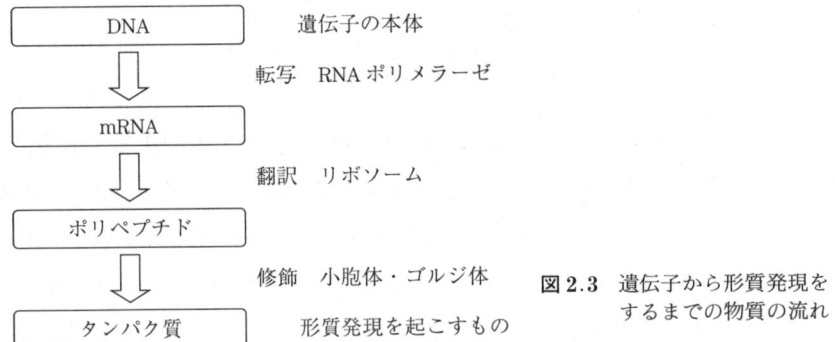

図2.3 遺伝子から形質発現をするまでの物質の流れ

子が一つのポリペプチドを決定し，そのポリペプチドから構成されるタンパク質によって遺伝的に決まった形質が発現することになる。

DNAでは糖の一種である**デオキシリボース**（deoxyribose）とリン酸，および4種類の**塩基**（base）で**ヌクレオチド**（nucleotide）という単位が作られている。塩基という名称は一般的には，他の分子から水素イオンを受け取りやすい性質を持った分子やイオンを指すが，ここでは窒素を含む複素環式化合物を表す。DNAはアデニンとグアニンのプリン塩基，シトシンとチミンのピリミジン塩基，以上の4種類の塩基から構成されている。

図2.4のように，デオキシリボースとリン酸が交互に並んだ主鎖のデオキシリボースの炭素原子1'位置に，塩基がグリコシド結合をしている。通常，化

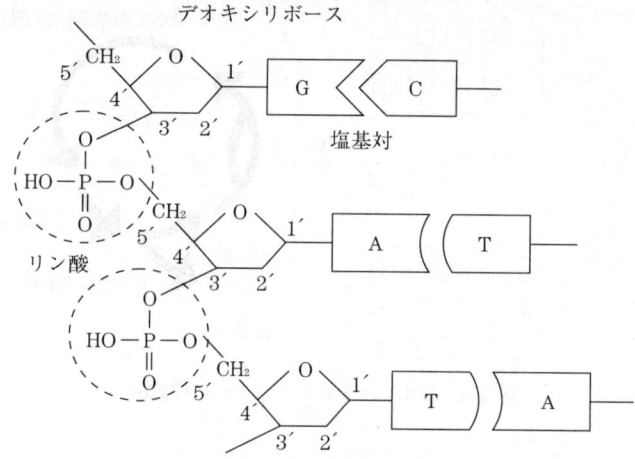

図 2.4 DNA を構成するデオキシリボース，リン酸，塩基の構成単位

合物の炭素原子を表す場合には，右回りに番号をふって表記する。遺伝情報は，4種類の塩基の配列順序という形で綴られている。このヌクレオチドがいくつもつながって，太さ2 [nm] の二重らせん構造を形成している。この構造は，塩基間の水素結合形成と隣り合う塩基同士の積み重なりによる引力とにより安定化され，取り囲む水分子の集まりによって二重らせんの立体的構造が保持されている。

ヒトの細胞核に存在する DNA 二重らせん構造は，すべてつなぎ合わせると全長2 [m] といわれている。この非常に長い DNA 二重らせん構造は**ヒストン**（histone）・**プロタミン**（protamine）などの塩基性タンパク質と結合しながら，二重，三重にコイルを形成しつつ折り畳まれている。通常 DNA は核の中で比較的ほどけた状態で存在し，電子顕微鏡観察でもその姿を観察することはできない。しかし，細胞分裂時にコンパクトな棒状に集まって，容易に観察できるようになる。この棒状の形態を染色体と呼ぶ。

図 2.5 に示すように，二重らせん構造の太さが2 [nm]，塩基性タンパク質と結合したヌクレオソーム（nucleosome）構造の太さが11 [nm]，ヌクレオソーム六つで1回転する超らせん構造の太さが30 [nm]，超らせん構造がコ

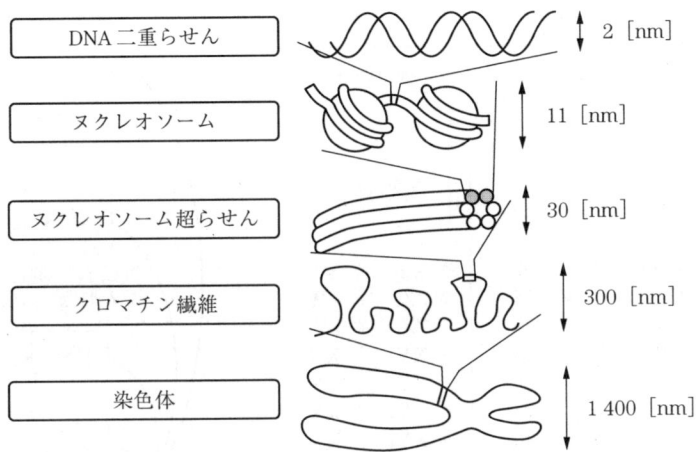

図 2.5 DNA から染色体への構造変化とそのスケール

イルを形成するクロマチン繊維の太さが 300 [nm]，クロマチン繊維がさらに折り畳まれた染色体の太さが 1 400 [nm]，この太さではじめて光学顕微鏡で観察可能となる。染色体の数および形は生物の種・品種・系統で特異的である。染色体という名称は，アズール色素・エオシン・メチレンブルーの混合液によって染色する**ギムザ染色法**（Giemsa staining method）により，濃淡の横縞模様が染め分けられることから命名された。現在では染色性や形態にこだわらずに，ウイルスや原核生物の**核様体**（nucleoid），細胞小器官である**葉緑体**（chloroplast）・**ミトコンドリア**（mitochondria）などにある遺伝子も，広く染色体と呼ばれている。

染色体をギムザ染色法で観察すると，同じ形の染色体が 2 本ずつ対になっていることがわかる。ヒトの場合には 46 本の染色体が観察され，22 対を**常染色体**（autosome），残り 1 対を**性染色体**（sex chromosome）という。染色体の数および形は生物の種・品種・系統で決まっている。その一覧表を**表 2.2** にまとめた。染色体は精子・卵子といった生殖細胞になるときに**減数分裂**（meiosis）を行い，各染色体対が 1 本ずつ分かれる。

したがって，この 23 本の染色体が，生物の生活機能の調和を保つうえに欠くことのできない単位ということができる。この染色体の組を**ゲノム**

表 2.2 生物種による常染色体・性染色体数の違い

生物種	常染色体 (2 n)	性染色体
アオカビ	2 (n)	
アカパンカビ	7 (n)	
イチョウ	24	性を持たない
コムギ	42	
イネ	24	
ショウジョウバエ	6	♂ XY, ♀ XX
カイコガ	54	♂ ZZ, ♀ ZW
ニワトリ	76	♂ ZZ, ♀ ZW
ハツカネズミ	38	♂ XY, ♀ XX
ネコ	36	♂ XY, ♀ XX
イヌ	76	♂ XY, ♀ XX
チンパンジー	46	♂ XY, ♀ XX
ヒト	44	♂ XY, ♀ XX

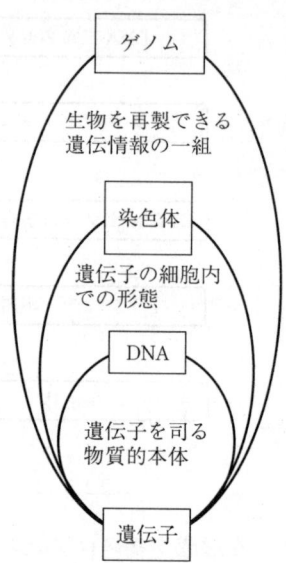

図 2.6 遺伝子の概念

(genom) という。ゲノムは遺伝子と染色体の合成語であり，遺伝子に「集団・塊」という意味の接尾語（-ome）を付けた造語である。これは遺伝子のすべてのセットという意味を持つ。図 2.6 に示すように，遺伝的形質を伝える遺伝子という概念は，DNA を本体とし，顕微鏡で観察可能な染色体という形状をとって，ゲノムという単位で各細胞に組み込まれている。

2.1.2 ゲノム解析テクノロジー

バイオテクノロジーは遺伝情報を遺伝子から読み取る「ゲノム解析テクノロジー」と，遺伝情報を人為的に切り張りする「遺伝子組換えテクノロジー」に分けられる。遺伝情報であるゲノムを解析することは，DNA の塩基配列を解析することといい換えることができる。この解析技術は，後述する**マクサム・ギルバート法**（Maxam-Gilbert method），**サンガー法**（Sanger method）という解析手法の開発のみならず，**電気泳動**（electrophoresis）装置，特にキャピラリーシーケンサーの進歩によって目覚ましい発展を遂げてきた。内径

100［μm］以下の非常に細い毛細管を用いて電気泳動を行うキャピラリー電気泳動は，従来のスラブゲル式に比べて10倍以上の高速化と高分離能を可能にした新しいゲノム解析テクノロジーである。しかも各ステップの自動化が可能であるため，従来法に比べて最小限の作業での連続運転が可能な操作性の高いシステムである。ゲノム解析の進歩は，キャピラリーシーケンサーと高速大容量コンピューターの進歩に負うところが大きい。

サンガーらによって，ΦX174ファージのゲノムDNA配列が決定されて以来，**表2.3**におもなものを示したように，30種におよぶゲノムが解読されてきている。独立生活する生物ゲノムとしては，インフルエンザ菌のゲノムが初めて解読された。インフルエンザ菌はインフルエンザの病原菌として命名された。もちろん現在では，インフルエンザの原因はオルソミクソウイルス科に属するウイルスであることがわかっている。インフルエンザ菌はインフルエンザウイルスに感染したときに，合併症であるインフルエンザ肺炎の喀痰から検出される細菌で，肺炎の起炎菌として重要である。

表2.3 解読された生物種のゲノムとその塩基対数

解読年	生物種	塩基対数
1995年	インフルエンザ菌	1 830 000
1996年	藍藻	3 570 000
1997年	ヘリコバクターピロリ	1 670 000
1998年	結核菌	4 410 000
2000年	ショウジョウバエ	180 000 000
2001年	ヒト	3 000 000 000
2002年	イネ	420 000 000

ヒトゲノムに関しては，米国でヒトゲノム研究所が設立し，ヒトゲノムプロジェクト[†]が公式にスタートした。独立生活する生物ゲノムとして最初に解析されたインフルエンザ菌が183万**塩基対**（base pair）であるのに対し，ヒトでは30億塩基対とじつに1 640倍の大きさがある。**図2.7**に示すように，ΦX174ファージのゲノム配列決定以来，ゲノム解析技術は対数的にその解析スピードを上げてきている。ヒトの全ゲノム解析成果を医療分野等において実用化する時期は，確実に近づいてきている。

26   2. 遺伝子の計測

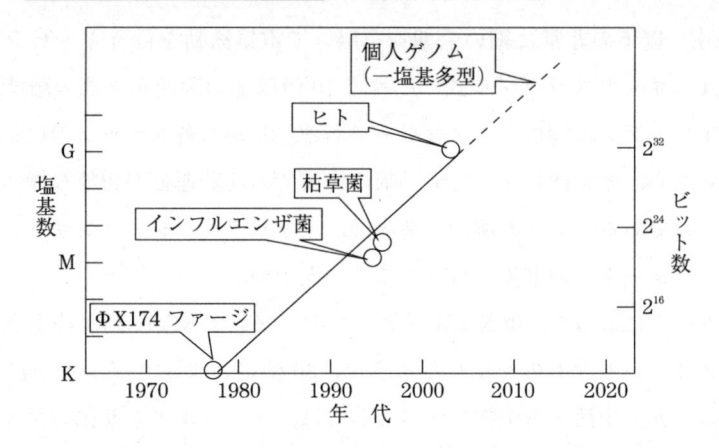

図 2.7 ゲノム解析の進展に伴って発展する科学技術

~~~
[用語解説]
† 1990年に国際プロジェクトとして本格的にスタートしたヒトゲノムプロジェクト（正式には，国際ヒトゲノムシーケンシングコンソーシアム The International Human Genome Sequencing Consorsium：IHGSC）は，当初2005年以降に全ゲノム解析を終えることを目標としていた。ところが，プロジェクトとまったく無関係の企業が，別個にゲノム解析を行い，2001年までに全ゲノムを明らかにすると宣言したために大論争が発生する。この企業はセレーラ・ジェノミクス社である。
　彼らは，全ゲノムショットガン法を使って短期間に解析を終了し，国際プロジェクトに対抗しようとしたのである。いち早くゴールすることにより，セレーラ・ジェノミクス社はゲノム解析結果を特許申請し権利化することを狙っていたわけであるが，国際プロジェクトは対抗手段として，解析されたゲノムを順次発表していって公知の事実とする方針をとった。最終的に当時のクリントン大統領が間に入り，国際プロジェクトとセレーラ・ジェノミクス社の共同会見が開かれ，また米国特許商標庁の見解もあり，特許の権利化は認められなかった。しかし奇しくも，「基礎研究がビジネスになる」ということを，多くの人々が知る契機となる事件であった。
~~~

　ヒトの全ゲノム解析の成果は計り知れないものがある。また，今回行われたのはDNA塩基配列の決定であり，今後そのどの部分が遺伝子であって，どのような機能を担っているかをさらに解明する必要がある。しかし，2001年公

表されたヒトゲノム解読データでいくつかの興味ある事実が判明した。

1) **ヒト遺伝子の数は3万～4万で予想より少ない**　一つの遺伝子が一つのポリペプチドを決定し，そのポリペプチドから構成されるタンパク質によって遺伝的に決まった形質が発現することを学んだ。ヒトの人体を構成するタンパク質は約20万種といわれている。これは，条件によりタンパク質の長さ，**高次構造**（higher-order structure），**四次構造**（quaternary structure）が変化することから，実際に遺伝子で規定されるタンパク質の数はその2分の1で約10万種と考えられてきた。ところが，ヒトの全ゲノム解析で遺伝子の部分はゲノム全体の約1.5％しかなく，遺伝子の数は3万～4万と報告された。予想の3分の1である。

現時点で遺伝子そのものが解析されたわけでなく，意味のある遺伝子が存在していると推定される場所が特定されているにすぎないが，この数字が正しければ一つの遺伝子が複数のタンパク質を決定する未知のシステムが存在することになる。これは前述した一遺伝子一ポリペプチド説を訂正しなければならない証拠となるかもしれない。

2) **個体差はわずか0.1％以下**　ヒトのゲノムは99.9％以上共通で，多彩な個体差は0.1％以下の違いであることがわかった。わずか300万塩基対の違いで，皮膚や髪の毛の色といった表面的な形質から，代謝に至るまでの遺伝子の多様性が維持されていることになる。遺伝子の多様性を維持することは種の存続にとって最も重要なことである。現に，長年の品種改良によって遺伝子の多様性を失った農作物や観賞用動植物は，人間が作り出した特定の環境にしか生育できない。

遺伝子の多様性は，環境条件が変化したときにその生物がどれだけ多様な対応が可能かを規定していて，特定の遺伝子はある環境では有利に，別の環境では不利に働く。しかしある環境条件で「不利な」遺伝子はあっても，「悪い」遺伝子は存在しないのである。現在の環境条件で「不利な」遺伝子が，別な環境条件で「有利な」遺伝子になる例は多数報告されている。

その例が鎌状赤血球貧血症とCCR5ケモカインレセプターである。鎌状赤血球貧血症は，**ヘモグロビン**（hemoglobin）遺伝子の塩基の一つがアデニンからチミンに変異することによって起こる。赤血球の形態異常による溶血性貧血であるが，保因者がマラリア耐性を持つことから，アメリカ黒人の10％が保因者といわれている。マラリアはその原因となるマラリア原虫がハマダラ蚊によって媒介され，ヒトの赤血球の中で増殖し，全身に運ばれる。ところが鎌状赤血球貧血症の場合，酸素を運ぶヘモグロビンに異常があるために，赤血球内部の酸素分圧が低下し，マラリア原虫が増加できないと考えられている。

またHIV感染高リスク群の長期未発症者の中に，ケモカインレセプターの一種であるマクロファージのCCR5に変異を持つ人が見つかっている。この欠損変異は白人にのみ認められ黒人やアジア人には認められていないこと，ペスト菌の感染経路に同じケモカインレセプターが関与していることから，欧州でのペスト菌の流行による遺伝子選択が関係しているといわれている。CCR5の欠損変異は人種の違いによらず，ある確率で発生しているはずである。それが白人にのみ認められているのは，本来は淘汰されるべき不利な遺伝子が，ペスト菌の流行という環境において有利な遺伝子として働いて残されたものと考えられる。

ヒトも生物である以上遺伝子の多様性の維持が重要な課題となっている。すなわち「不利な」遺伝子を安易に淘汰するのでなく，300万塩基対の多様性を残すことが重要とも考えられる。すべてのヒトは，遺伝子情報を過去から未来へと運ぶキャリアーである。現在の環境条件で「不利な」遺伝子を持った人は，自分たちの代わりに「不利な」遺伝子を運んでくれているとして，社会全体で支えることがヒトの未来にとって必要なことを教えてくれる。

またヒトと同様に約30億塩基対のゲノムを持つチンパンジーとの種差もわずか2％であった。この2％の中にヒトの進化の鍵が隠されているのかもしれないといわれてる。

3) **従来の系統樹と矛盾した類似性** 進化論によってすべての生物は相互に類縁関係を持つことが明らかになった。進化論の確立以降，どの生物がどの生物から進化したかを表す**系統樹**（genealogical tree）が作られた。初期の系統樹は形態的形質の違いがおもな根拠となったが，生物学の進歩に伴って新たな根拠から新たな系統樹が作られている。遺伝子解析方法の進歩により，異なった生物集団の遺伝子差異を表す**遺伝距離**（genetic distance）という概念が提唱された。

DNAの突然変異はランダムに一定の確率で起こることから，二つの生物集団のDNAの違いから突然変異の回数を割り出すことにより，生物集団が二つの種に分かれた時期が計算できる。この時間の長さを距離の長さとして表したものが遺伝距離である。この概念に基づいて，リボソームRNAから**図2.8**に示す新たな系統樹が作られた。この系統樹では，分裂酵母と出芽酵母の違いのほうが，ヒトと線虫・ショウジョウバエの違いより大きいことが示され，動物と菌類が予想以上に遺伝的に近いこ

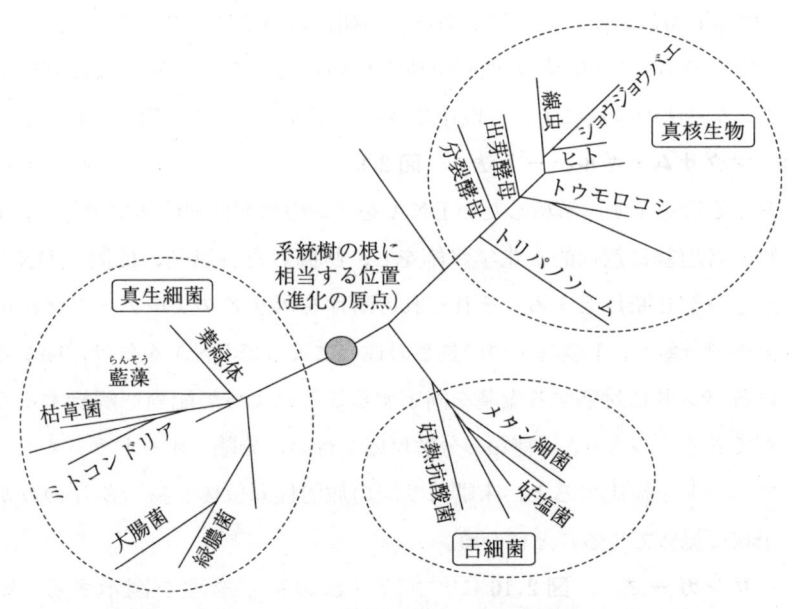

図 2.8 リボソーム RNA から見た新しい系統の概念の系統樹

とが判明した。

ヒトゲノム解析データでは，ヒトの223個の遺伝子は，酵母・線虫・ショウジョウバエより，バクテリアの遺伝子と類似性が高かった。ヒトはバクテリアから酵母・線虫・ショウジョウバエを経て進化したと考えられているので，この類似性は系統樹と明らかに矛盾している。このことは，リボソームRNAの系統樹の知見をさらに進めて，遺伝子の一部は系統樹に沿って受け継がれてきたのではないことがわかった。

この現象は，これらの遺伝子はある時期にバクテリアなどから導入されたとして解釈されている。バイオテクノロジーの遺伝子導入法と同じように，ウイルスをベクターとしてバクテリアの遺伝子がヒトに進化をする途中の動物に導入されたのかもしれない。ヒトの脳内で神経伝達物質として働く生理活性アミンの**セロトニン**（serotonin）の遺伝子もバクテリア由来の可能性があるといわれている。

DNAの塩基配列を解析する方法には，化学的方法のマクサム・ギルバート法と，酵素的方法のサンガー法がある。初期においてはマクサム・ギルバート法が一般的であったが，放射性同位体を用いることから実験施設に制約があり，サンガー法の改良によって現在ではもっぱらこの方法が用いられる。

1）**マクサム・ギルバート法**　図2.9には，マクサム・ギルバート法の測定原理を示す。解析したいDNAをリンの放射性同位体で標識し，4種類の各塩基に選択的な化学修飾をし，修飾した各塩基の位置でDNAを限定分解し断片とする。それぞれの断片をポリアクリルアミドゲル電気泳動で分離し，1塩基ずつの長さの違いによってDNAを分け，端から順に各バンドに対応する塩基を同定することによって配列を解析することができる。つまり，4種類の分解反応を行い，分離しオートラジオグラフでバンドを検出すると，末端にリンの放射性同位体を持つ断片のみが梯子状に見えてくることになる。

2）**サンガー法**　図2.10にサンガー法の測定原理を図示する。短いDNA断片を**プライマー**（primer）として用いると，**DNAポリメラーゼ**

2.1 遺伝子とバイオテクノロジーの基礎技術

リンの放射性同位体　DNA

DNA末端をリンの放射性同位体で標識する

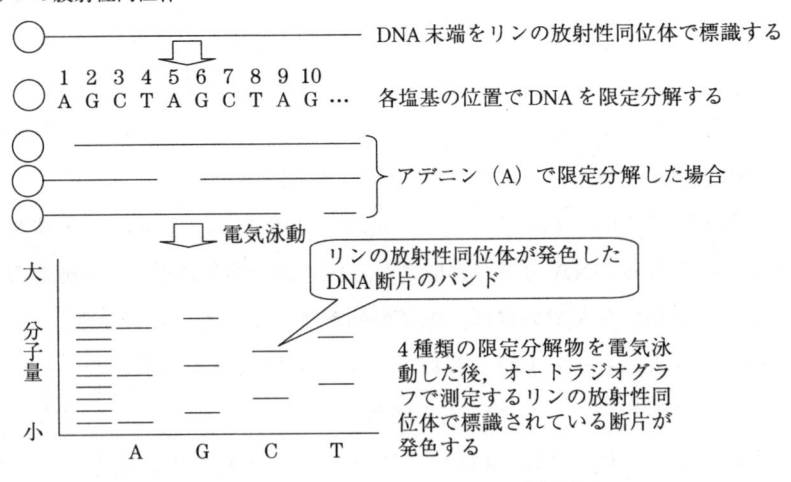

1 2 3 4 5 6 7 8 9 10
A G C T A G C T A G …　各塩基の位置でDNAを限定分解する

アデニン（A）で限定分解した場合

電気泳動

リンの放射性同位体が発色したDNA断片のバンド

4種類の限定分解物を電気泳動した後，オートラジオグラフで測定するリンの放射性同位体で標識されている断片が発色する

図2.9　マクサム・ギルバート法の測定原理

… A G C T A G C T A G … DNA

プライマー
DNAポリメラーゼ
dNTP

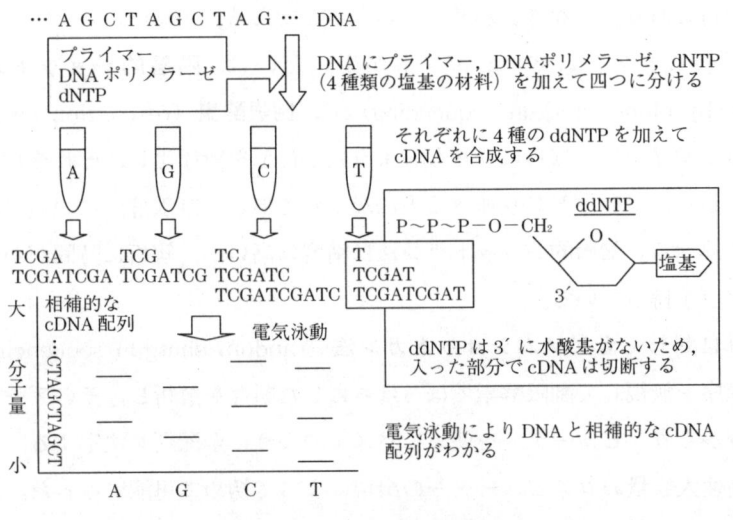

DNAにプライマー，DNAポリメラーゼ，dNTP（4種類の塩基の材料）を加えて四つに分ける

A　G　C　T

それぞれに4種のddNTPを加えてcDNAを合成する

TCGA　TCG　TC　T
TCGATCGA　TCGATCG　TCGATC　TCGAT
　　　　　　　　　TCGATCGATC　TCGATCGAT

ddNTP
$P \sim P \sim P - O - CH_2$　O　塩基
　　　　　　　　　　　　3′

ddNTPは3′に水酸基がないため，入った部分でcDNAは切断する

相補的な
cDNA配列
…CTAGCTAGCT

電気泳動

電気泳動によりDNAと相補的なcDNA配列がわかる

A　G　C　T

図2.10　サンガー法の測定原理

(DNA polymerase) が一本鎖DNAを鋳型として**相補的DNA** (complementary DNA, cDNA) を合成するという性質を用いたものである。**チェインターミネーター法**とも呼ばれている。

塩基配列を解析したい DNA 断片を一本鎖 DNA ファージ由来のベクターにクローニングする。これを鋳型として，4本の試験管内で酵素と核酸の材料となる 3′-デオキシヌクレオシド三リン酸類似体（dNTP）と，4種類の各塩基に対応する 2′,3′-ジデオキシヌクレオシド三リン酸類似体（ddNTP）を一種類加えて伸長反応を起こさせる。これにより，各 ddNTP が取り込まれた位置で伸長反応は停止し，共通の 5′ 末端を持つ長さの異なる DNA 分子が合成される。これを電気泳動し，4種類の塩基を長さの順に読んでいけば，塩基配列が解析できることになる。

これらの方法を用いて1回に読める塩基数は数百塩基が限界であることから，30億塩基対を持つヒトゲノムの解析には DNA シーケンシングという技術が必要となる。方法としてはいくつかあるが，どれにも共通しているのは DNA を断片的に切断し，切断されたものの塩基配列を調べて，最後にその断片を順番どおりにつなぎ合わせるということである。

前述のヒトゲノムプロジェクトが用いたのは，**階層的ショットガン法**（clone-by-clone shutgun sequencing）で，**制限酵素**（restriction enzyme）を使って順序がばらばらにならないように DNA を断片化し，それぞれの断片を解析した後で順序どおり並べる方法がこれである。制限酵素についてはつぎの項で述べる。階層的ショットガン法は精度は高いが，解析に時間がかかるという欠点を持っている。

それに対して**全ゲノムショットガン法**（random shutgun sequencing）では，順序を無視して制限酵素でばらばらにした断片を解析し，そのデータの重複部分からコンピューターを使ってパズルのように全配列を決定する。この方法は高速大容量のコンピューターの出現によって初めて可能になった。

2.1.3 遺伝子組換えテクノロジー

紙工作にはハサミとノリとピンセットが必要なように，遺伝子から読み取った遺伝情報を太さ 2 [nm] の DNA から人為的に切り張りするためには，専用のハサミとノリとピンセットが必要となる。

1970年DNAの特定の場所を切る酵素が偶然に発見された。図 2.11 に示すように，大腸菌に感染するバクテリオファージの一種の **λファージ**（lambda phage）を大腸菌のファージ感受性株に感染させると，λファージは大腸菌を溶菌して増殖する。それに対して，ファージ耐性株に感染させると溶菌は起こらない。これは，ファージ耐性株の持つ特別な酵素が，侵入してくるλファージのDNAを切断して増殖を阻害したからであり，この特別な酵素が制限酵素である。

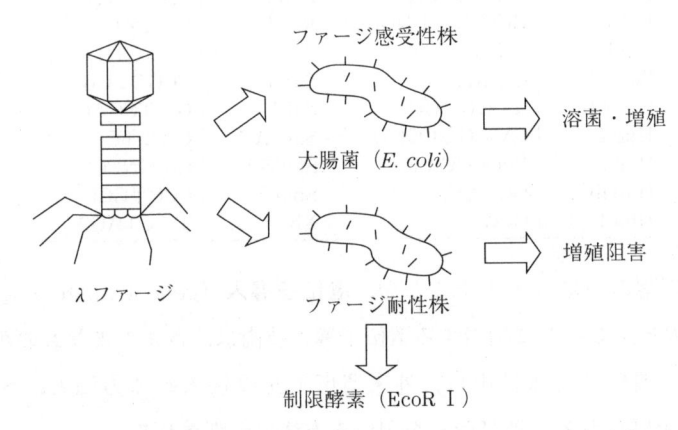

図 2.11 最初の制限酵素（EcoR I）を発見したもととなった溶菌現象

この酵素は，**大腸菌**（*E. coli*）から発見された最初の制限酵素という意味で，EcoR I と名づけられ，「エコアールワン」と発音する。制限酵素はⅠ，Ⅱの二つのクラスに分類されるが，遺伝子組換えテクノロジーに繁用されるのはクラスⅡの制限酵素で，特定の塩基配列を認識し，特定の切断位置を持っている。クラスⅡ制限酵素は現在までに約300種類ほど発見されているが，これらの酵素で切断されるDNA上の特異的塩基配列は約60種類に及ぶ。表 2.4 にその一覧表をまとめてある。これとは別に，1968年に二本鎖DNAの切断部位を結合する **DNA リガーゼ**（DNA ligase, polydeoxyribonucleotide synthase）が見つかった。これによりDNA専用のハサミとノリがそろったことになる。

制限酵素というハサミで切り取り，DNAリガーゼというノリで張り付けた

表2.4 おもなクラスII制限酵素の認識および切断位置の一覧表
(↓は切断位置)

制限酵素名	切断位置	制限酵素名	切断位置
Acc I	GT↓(C)(T)AC	Hind II	GTPy↓PuAC
Acy I	GPu↓CGPyC	Hind III	A↓AGCTT
Alu I	AG↓CT	Hinf I	G↓ANTC
Ava I	C↓PyCGPuG	Hpa I	GTT↓AAC
Ava II	G↓G(A)CC	Kpn I	GGTAC↓C
Bal I	TGG↓CCA	Mbo I	↓GATC
Bam III	G↓GATCC	Pst I	CTGCA↓G
Bcl I	T↓GATCA	Pvu II	CAG↓CTG
Bgl I	GCC(N)₄↓NGGC	Rsa I	GT↓AC
Bgl II	A↓GATCT	Sac I	GAGCT↓C
EcoR I	G↓AATTC	Sac II	CCGC↓GG
EcoR II	↓CC(A)GG	Sal I	G↓TCGAC
Hae I	(A)GG↓CC(A)	Sau3A I	GA↓TC
Hae II	PuGCGC↓Py	Sau96 I	G↓GNCC
Hae III	GG↓CC	Sma I	CCC↓GGG
Hha I	GCG↓C	Xba I	T↓CTAGA

遺伝子を細胞の中に導入することを，**遺伝子導入**（gene transfer）という。紙工作でのピンセットに相当する遺伝子導入技術は，さまざまなものが開発されている。遺伝子導入技術は，外来遺伝子を直接入れる方法と，**ベクター**（vector）と呼ばれる「運び屋」を用いる方法に大別される。

　外来遺伝子を直接入れる方法としては，グラム陰性菌では細胞をカルシウム処理することによってDNAが取り込まれやすい状態にするカルシウム処理法，グラム陽性菌や真菌・植物細胞では細胞壁を取り除く**プロトプラスト**（protoplast）法が用いられる。動物細胞では細胞の種類によって各種の直接導入法が開発され，**接着細胞**（anchorage dependent cell）ではDNAとリン酸カルシウムとの共沈物を細胞に取り込ませるリン酸カルシウム法，**浮遊細胞**（suspension cell）ではDEAE-デキストラン法や高電圧放電により細胞膜に微少な穴をあけるエレクトロポレーション法，受精卵では非常に細いマイクロピペットを使って核内にDNAを入れるマイクロインジェクション法が使われている。

　ベクターを用いる方法としては，大腸菌では**プラスミド**（plasmid）やλフ

2.1 遺伝子とバイオテクノロジーの基礎技術

ァージが，動物細胞では SV 40 やレトロウイルスを使った遺伝子導入法が知られている。

これまでに述べてきたゲノム解析テクノロジー，遺伝子組換えテクノロジーを用いて遺伝子を組み換える手順を図 2.12 にまとめて示す。まず，品種改良や遺伝子治療など目的に応じて必要な DNA がどこに存在するか，どんな塩基配列であるかを調べる。このときにゲノム解析テクノロジーを利用する。つぎに必要な DNA を分離・精製する。これには DNA を抽出する方法と，既知の塩基配列から合成する方法の大きく分けて二つの方法がある。つぎに遺伝子導入法を選択して，細胞や細菌に DNA を導入する。このときに遺伝子組換えテクノロジーを利用する。その後，導入が完了した細胞や細菌を選択し，タンパク質の産生性などから組み換えた遺伝子が発現していることを確認する。

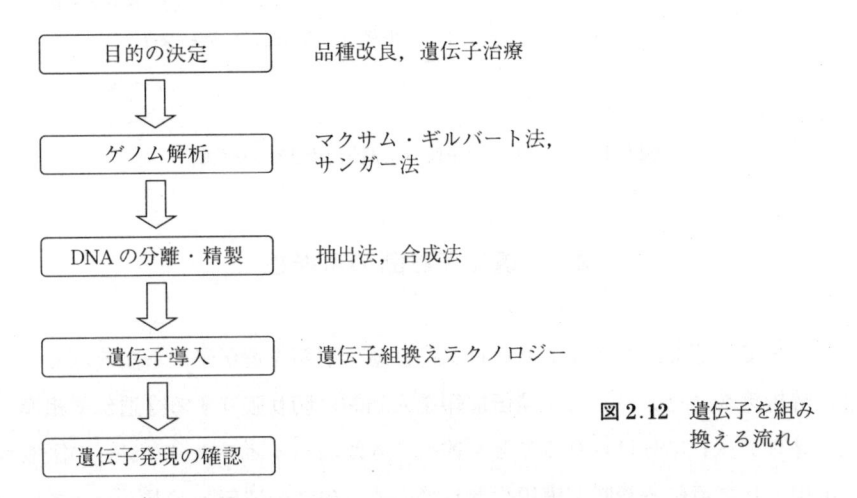

目的の決定 — 品種改良，遺伝子治療
↓
ゲノム解析 — マクサム・ギルバート法，サンガー法
↓
DNA の分離・精製 — 抽出法，合成法
↓
遺伝子導入 — 遺伝子組換えテクノロジー
↓
遺伝子発現の確認

図 2.12 遺伝子を組み換える流れ

例えばプラスミドを使って大腸菌の遺伝子を組み換える手順を説明する。プラスミドを準備し，制限酵素を加える。制限酵素によって切断が起こり，リング状であったプラスミドが直線状になる。つぎに，組み換えたい DNA を同じ制限酵素で切断する。直線状のプラスミドと制限酵素で切断した DNA と DNA リガーゼを混ぜると，再びリング状の DNA である組換えプラスミドができる。組換えプラスミドと大腸菌を混ぜ，カルシウムを加える。大腸菌を抗

生物質入りの培養液の中で増殖させる。プラスミドの中に薬剤耐性の遺伝子があるため，組換えの起こった大腸菌のみ増殖し，図 2.13 に示すように組換え大腸菌を選択することができる。

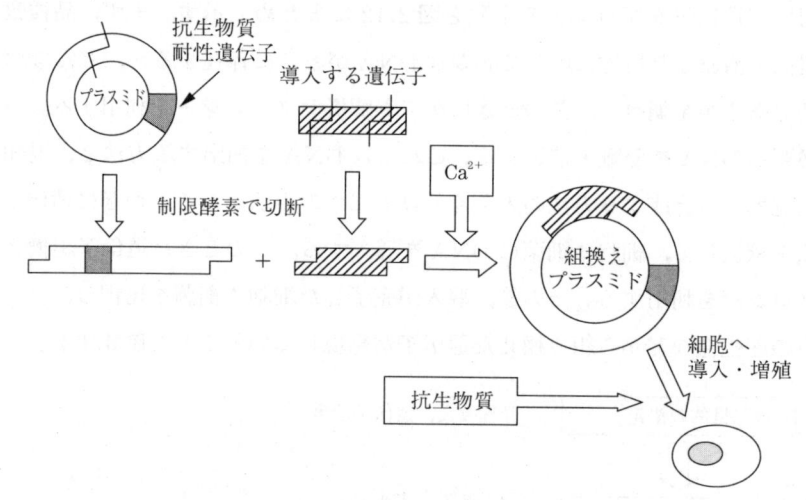

図 2.13　プラスミドを使った遺伝子組換えの手順

2.2　遺伝子診断の可能性

　ここまでの節で，バイオテクノロジーは遺伝情報を遺伝子から読み取る「ゲノム解析テクノロジー」と，遺伝情報を人為的に切り張りする「遺伝子組換えテクノロジー」に分けられることを述べてきた。バイオテクノロジーの医療への応用として遺伝子診断が実用化されている。患者の遺伝子がどうなっているかを知るゲノム解析テクノロジー（センシング）と，病気を発症させる遺伝子がどこにあるか，どの DNA 配列が病気の原因となるか（情報）がわかれば，確実に診断ができることになる。

　ヒトゲノムプロジェクトの契機となった「がんを解明し治療するためにはがんに関するすべての遺伝子を調べなければならない。それにはヒトゲノムを解析することが必要である」というダルベッコ（R. Dulbecco）の提案は，まさ

にこのことを述べているのである。

　病気が発症するのに遺伝的な要因のかかわる割合は，病気によって大きく異なる。単一あるいはごく少数の遺伝子がかかわる遺伝性疾患の場合には，その遺伝子変異を持つかどうかによって発病の可能性が決定されてしまう。この要因を決定因子と呼び，その例としてハンチントン舞踏病[†]，囊胞性線維症，テイ・サックス病などが挙げられる。聞き慣れない病名であるが，重い症状を引き起こしたり，死に至るものばかりである。

> [用語解説]
> † 第4染色体短腕先端部（4 p 16.3）に局在する遺伝子変異によって起こされる，慢性進行性の舞踏病様不随意運動と痴呆を主体とする神経変性疾患である。1872年に米国のジョージ・ハンチントン（George Huntington）により舞踏運動を特徴とする疾患として報告されこの病名が付けられたが，現在では臨床的・病理的な面から一疾患単位であることがわかり，ハンチントン病と呼ぶことが多い。遺伝形式は常染色体優性遺伝であり，遺伝子変異を持っていればほとんど確実に発症する。つまりこの遺伝子は100％決定因子ということになる。90％は30～50歳で発症し，進行性の経過をとり，10～15年で感染症・嚥下困難に伴う呼吸障害などで死亡する。

　それに対して病気の発症に複数の遺伝的要因がかかわる場合には，特定の遺伝子変異は発症の確率を何倍かに変化させることに関与する。この要因を危険因子と呼ぶ。糖尿病のような生活習慣病や，がんを発症させる**がん遺伝子**（oncogene）の一部がこれに該当する。遺伝子診断における決定因子と危険因子の違いを**表**2.5にまとめた。

　遺伝子診断によって危険因子が見つかった場合には，発症する以前に生活習

表2.5　遺伝子診断における決定因子と危険因子の違い

	遺伝的要因	疾病	遺伝子の関与	遺伝子診断効果
決定因子	単一	ハンチントン舞踏病 囊胞性線維症 テイ・サックス病	決定的	治療法なし
危険因子	複数	糖尿病 がん	部分的	発症予防効果

慣や食事の改善などにより，病気の発症を遅らせたり，場合によっては発症を食い止めたりすることが可能である。これが遺伝子診断のメリットである。しかし，決定因子が見つかった場合には，遺伝子組換えテクノロジーを応用した遺伝子治療を行わなければ根本的な治癒は望めない。

従来の診断技術，例えば細菌が原因となる肺炎の診断の場合，患者の喀痰を培養して感染の原因菌を同定し，薬剤感受性を検査して病原菌に効果のある抗生物質を決めた段階で，この抗生物質を服用すれば，わりと簡単に治療できた。すなわち，診断がそのまま治療に結び付き，「診断で病名が判れば，ひとまず安心する」ということになった。ところが，遺伝子診断の場合には，病気を発症する前から病気になる可能性がわかることになる一方，診断はできるが，治療法がない病気がいくつもでてくることになる。正式な認可手続きを踏んだ遺伝子治療は，米国においてアデノシンデアミナーゼ（ADA）欠損症の治療†としてスタートした。図2.14にその治療法の実際を紹介する。

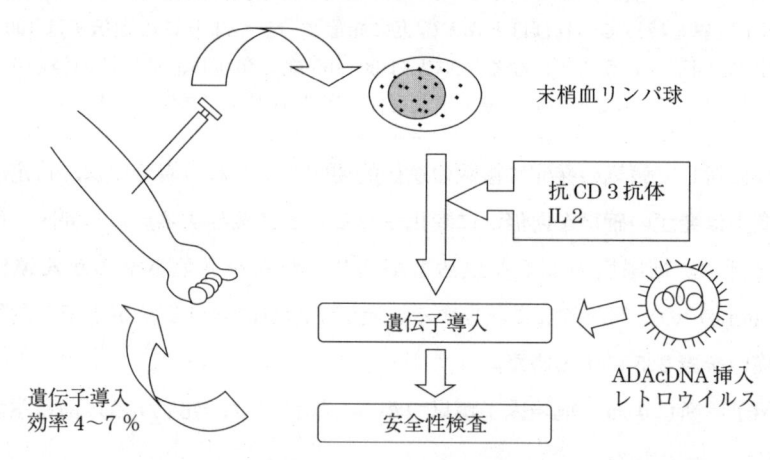

図2.14 アデノシンデアミナーゼ（ADA）欠損症の遺伝子治療の実際

世界中で3000例以上の遺伝子治療が試みられてきたが，そのうち約70％はがん患者に対するものであり，残りがAIDSと単一の遺伝子変異に由来する遺伝子疾患の治療で，単一の遺伝子変異の例はADA欠損症しかない。すべての遺伝子疾患の治療が可能になるまでには，さらに10年から20年の時間が

2.2 遺伝子診断の可能性

[用語解説]

† アデノシンデアミナーゼは，アデノシンからイノシンを生成するプリン代謝の正常異化反応を触媒する酵素である。本酵素の欠損によりリンパ球内の核酸合成が抑制され，重篤な免疫不全が起きる。遺伝形式は常染色体劣性遺伝であり，この遺伝子をホモで持っていたときに発病する。遺伝子治療には，1) 病原遺伝子を突き止める（遺伝子診断），2) 異常な遺伝子を取り除く，3) 正常な遺伝子を異常な遺伝子の代わりに組み込む，という3ステップが想定される。しかし，これまでの遺伝子治療では2) のステップは行われていない。1990年の遺伝子治療でも，患者血液からリンパ球細胞を取り出し，その細胞に正常なADA遺伝子を付け加えて細胞を戻すという1) と3) のステップによって行われた。

必要と思われる。しばらくの間は，根本治療はできないが，発症の予測ができるという状態が続くことになる。

ここまで述べてきた遺伝子診断は，成人や子供を対象とした診断であるが，出生前の胎児異常の有無を調べるのにも利用されている。これを**出生前診断**（prenatal diagnosis, antenatal diagnosis）という。出生前診断は胎児の病的な状態を，胎児の予後・治療方針の決定の目的で，放射線撮影，超音波撮影（ソノグラフィー），母胎血清マーカーなどにより診断することであり，羊水穿刺による遺伝子診断もこの中に含まれる。放射線撮影，超音波撮影，羊水穿刺は胎児を直接的に診断する方法であり，母体血清マーカーは母胎から胎児異常を間接的に診断する方法である。

例えばダウン症候群†の診断は母胎血液マーカーと羊水穿刺による遺伝子診

[用語解説]

† 常染色体異常で，21番目の染色体のトリソミー（3本となったもの）・転座（染色体の一部が他の染色体に付着したもの）・モザイク（トリソミー細胞と正常細胞が同じ個体に一定の割合で存在するもの）などが原因となる。出生数600に対して1の割合で発生し，母親の年齢に比例して発生率が増加する。

断で可能であるが，前者では胎児がダウン症候群であるかどうかは確率的にしかわからない。それに対して後者では，腹壁を通して注射針を穿刺し，羊水中に散らばっている胎児由来の細胞から直接遺伝子を採種できるため，ほぼ100％確実に診断を付けることができる。

羊水穿刺による遺伝子診断では，超音波像をモニターしながら穿刺することで母胎・胎児に重要な影響は少ないといわれているが，それでもまれに物理的損傷による傷害が報告されている。さらに妊娠12〜16週ころ検査を行うことから，治療的流産を選択した場合には，胎児が成長しているために母胎への負担が大きくなる。そこで，妊娠する前に遺伝子診断を行ってしまおうという試みが図 2.15 に示す着床前診断である。

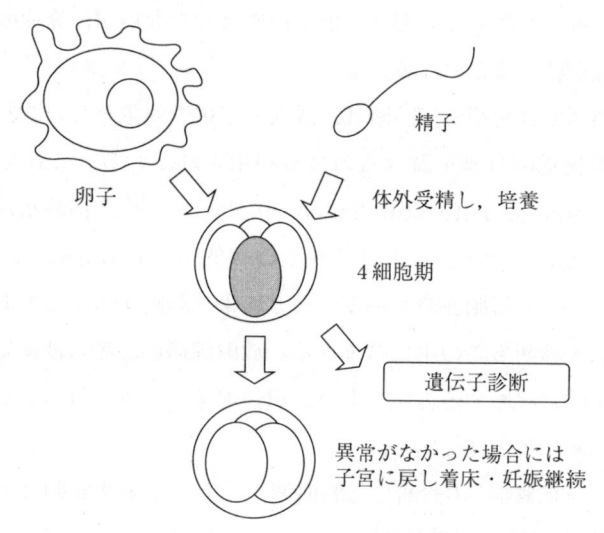

図 2.15 ヒトの受精卵に対する遺伝子診断である着床前診断

着床前診断では，最初に両親から精子と卵子を採種し体外受精をさせる。この受精卵を**インキュベート**（保育，incubate）し，4〜8 細胞期になったところを顕微鏡下で細胞を一つだけ取り出し遺伝子診断を行う。異常がないことが確認できた場合には，残った細胞を母胎の子宮に戻し着床させ妊娠を継続させる。この着床前診断は，4〜8 細胞期の受精卵が構成する細胞の一つが欠けた

としても正常な発生には問題がないという性質を利用した検査方法で，これまでに着床前診断を行い生まれた子供は，世界中で数百人にのぼると報告されている。

現時点で**生殖細胞**（germ cell）への遺伝子治療は認められていないため，着床前診断で発病の可能性が判明しても，それを受精卵の段階で治療することはできない。したがって出生前診断，着床前診断ともに中絶の是非の問題を避けて通ることはできない。障害を持って生まれてくるから中絶するというのでは，障害者の人権が無視されてしまうことになるし，遺伝子疾患に対する差別を助長することにもなりかねない。その反面，発病した場合には本人とその周囲の人々，特に生後すぐに障害が現れる疾患の場合には母親に重い負担がかかることになる。社会としてどのように援助していくかを，十分なコンセンサスを持って議論していく必要がある問題であろう。

2.3 ポストゲノム計測技術

これまでの節では，ヒトゲノムプロジェクトや遺伝子診断を通して，ゲノム計測技術について述べてきた。しかし，遺伝子の配列を調べることで構造は明らかになるが，その機能についてはいまだブラックボックスのままである。機能まで解明できることにより，遺伝子計測技術は有力なツールとなり得る。遺伝情報が遺伝子から**mRNA**（messenger RNA）へ転写され，さらにタンパク質へと合成される一方通行の流れを，分子遺伝学の**セントラルドグマ**（central dogma）と呼んでいる。

ヒト遺伝子のすべてのセットをゲノムというように，**転写**（transcription）されるmRNAのすべてのセットを**トランスクリプトーム**（transcriptome），合成される**タンパク質**（protein）のすべてのセットを**プロテオーム**（proteome）といい，mRNA・タンパク質を概括的に調べようとする研究が進んでいる。これがポストゲノム研究である。この節では，トランスクリプトームの計測技術であるDNAマイクロアレイと，プロテオームの計測技術であ

るタンパク質高次構造解析技術について述べる。

2.3.1 DNAマイクロアレイ

生体では，生命維持活動にとって重要な役割を担っているメカニズムほど**特異性**[†]（specificity）が高いと考えられている。ここでは，生体が有する分子認識機能の中でも特に特異性が高い DNA を利用したセンサについて述べる。これまで，**遺伝子発現**（gene expression）の解析ではターゲットである mRNA の量や大きさを解析するのに**ノーザンブロット法**（northern blot technique）や**逆転写 PCR（RT-PCR）法**が用いられてきたが，遺伝子すべてを一度にモニターすることは不可能であった。そこで，遺伝子発現の出現消失を解析する強力な方法として，**DNA チップ**（DNA chip），すなわち **DNA マイクロアレイ**（DNA microarray）を用いた解析法が注目されている。

> ［用語解説］
> [†] 生体内には何千，何万もの分子が存在しており，生体は必要な分子とそうでない分子を正確に見分けて生命維持活動に利用している。この**分子認識**（molecular recognition）には，物質どうしが持つ特異性が重要な働きを担っている。特異性とは，二つの物質 A と B が他の物質 C と異なる特徴のある化学反応を示す性質のことであるが，現実にはただ 1 種類の物質としか反応しない組合せ（A⇔B）はほとんどなく，ごく少数であるが他の物質（C）とも反応してしまうことが多い。よって，特異性を積極的に利用しようとするときにはできるだけ少数の物質としか反応しない**選択性**（selectivity）が求められるのが普通で，そのような反応は特異性が高いという。すなわち，特異性が高い化学反応ほど，高精度なセンサを実現できるのである。

DNA マイクロアレイは，数センチ角の小さなスライドガラス上に数千から数万個のプローブ **cDNA** 断片が高密度に整列されたものである。一つのスポットが 1 種類の遺伝子（遺伝情報）に相当する。この上で異なる蛍光色素で標識された，2 種類の細胞から得た mRNA 由来のターゲット cDNA を競合的に**ハイブリダイゼーション**[†]（hybridization）させる。蛍光標識されたターゲット cDNA は自分と相補的なプローブ cDNA と結合する。それぞれのスポッ

2.3 ポストゲノム計測技術

[用語解説]

† 類似した（相同的な，homologous）塩基配列を持つ一本核酸鎖を二つ組み合わせ，二本鎖の核酸分子（雑種分子：ハイブリッド）を形成することである。DNA鎖の配列が長いほど，一致する確立が小さくなって特異性が増す。ちなみに，相補的（complementary）とは，ある特定の塩基同士が水素結合で塩基対を構成することで，アデニン（A）はチミン（T）と，グアニン（G）はシトシン（C）としか対になれない。相同的とは，この塩基対の配列が遺伝子レベルで類似していることである。

トからのターゲットcDNAの蛍光シグナルをスキャナーで取り込み，検出装置でイメージを自動解析する。

例えば，Cy3（赤）とCy5（緑）の2種類の蛍光色素を使って，R細胞とG細胞の遺伝子の発現量を比較する場合を考えてみよう。R細胞のターゲットcDNAには赤の蛍光色素を，G細胞のターゲットcDNAには緑の蛍光色素をそれぞれ標識する。R細胞の遺伝子の発現量に対してG細胞の発現量が圧倒的に多かった場合には，mRNA量も蛍光標識されたターゲットcDNA量も同じ割合となり，このスポットは緑色のスポットとして検出される。それに対して発現量がほぼ等しかった場合には，赤と緑の蛍光が混合し黄色のスポットとして検出される。原理と実際のスポット像を図2.16に示す。

DNAマイクロアレイの製作方法は，大きく分けてガラス基板上で**オリゴヌクレオチド**（oligonucleotide）のプローブを合成する方法と，あらかじめ合成されたプローブcDNAをガラス基板上にスポッティングする方法の二つのタイプがある。前者は半導体製造用のフォトリソグラフィーの技術を用いるため，微細な表面加工が可能であり，現在のところ，より高密度化に向いているといわれている。このタイプのマイクロアレイはアフィメトリックス社（Affymetrix Inc.）で独占的に製造され，図2.17に示す製品がGeneChipという名称で販売されている。

後者はスタンフォード（Stanford）大学のパトリック・ブラウン（P. Brown）らによって開発された方法で，スタンフォード大方式と呼ばれてい

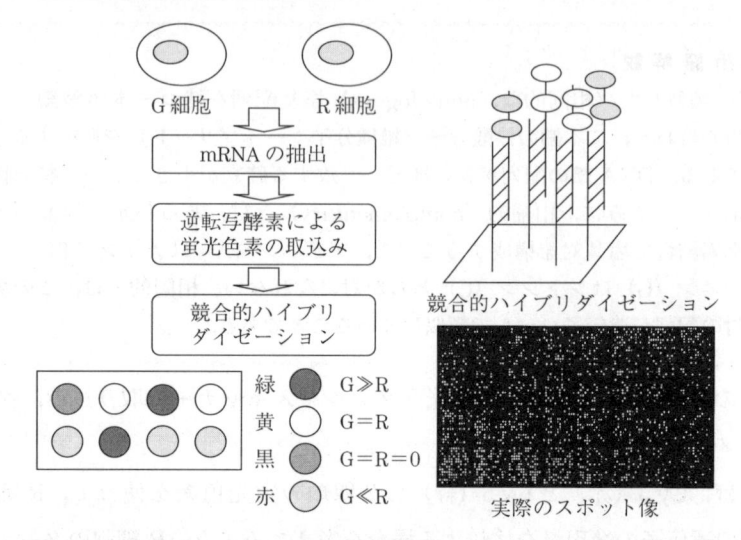

図 2.16 DNA マイクロアレイ（二色蛍光法）の原理と実際のスポット像

図 2.17 DNA マイクロアレイの外観（アフィメトリックス社，米国）

る．こちらは高密度化は望めないが，プローブ cDNA を任意に選べることやスポッターとスキャナーさえあれば比較的安価に測定することができるという利点がある．さらに技術的な進歩により，プローブ cDNA の作製法やスポット方法についてさまざまな製品が開発されている．プローブ cDNA に替わって 80 塩基ほどの合成オリゴヌクレオチドを用いたり，スポット方法ではイン

クジェットプリンターなどで用いられているピエゾ素子技術を用いて，より正確にプローブcDNAをスポットする技術が登場している。**表2.6**に，それぞれのタイプのDNAマイクロアレイを比較する。

表2.6　DNAマイクロアレイの2方式の比較

	アフィメトリックス方式	スタンフォード大方式
生物種	ヒト，マウス，ラットなど特定の生物種に限定	cDNAがあればどの種でも可能
価　格	既成アレイを購入するために高価	スポットする設備があれば安価
カスタム化	不可能	可能
測定値	絶対値	2検体の比として測定
アレイ間での比較	標準化容易	標準化不可能

　これまで述べてきたように，DNAマイクロアレイはトランスクリプトームの計測技術として，新たな遺伝子発現の解析方法として研究開発されてきた。遺伝子発現の解析は，発生，分化，増殖，がん化，老化など基礎的な生物学的プロセスの研究だけでなく，新しいターゲット薬物の同定など薬理研究，医学研究で中心的な役割を果たすと考えられている。近い将来この技術により，バイオプシーサンプルなどから遺伝子発現をメルクマールとして薬剤や治療法に対する感受性を予測し，有効な患者にだけ必要量の治療を施すオーダーメイド医療の実現が可能となると思われる。

　さらにDNAマイクロアレイは，遺伝子配列の解析方法としての利用も検討されている。これがDNAマイクロアレイによる遺伝子多型解析である。遺伝子集団の中で遺伝子の変異が機能に大きな影響がなく，その結果変異を持つ個体が排除されることなく，遺伝子変異が遺伝子集団の中で保存される場合がある。この頻度が集団の1％以上である場合を**遺伝子多型**（genetic polymorphism）といい，この中で一つの塩基が異なる場合を**SNP**（single nucleotide polymorphism）と表現し，「スニップ」と呼ぶ。

　SNPの解析は遺伝子発現の解析同様，病気関連遺伝子の発見や薬剤の副作

用の予測に重要な意義を持っている。このSNPの検索には高速タイピング技術がキーとなる。これまでに，Invader法，Sniper法，MALDI-TOF/MS法，SnapShot法が研究開発されてきているが，DNAマイクロアレイによる方法も試みられている。

2.3.2 タンパク質の高次構造解析

ヒトゲノムプロジェクトが終了して，タンパク質の機能解析に対する関心が高まっている。これはDNA配列が決まったにもかかわらず，機能の判明している遺伝子とDNAの相同性が認められず，機能がわからない遺伝子が多数同定されていることが一つの原因となっている。3万～4万と推定された全遺伝子中で，機能が推定できるものは少ない。

それはこれまでのデータベースが，機能のわかっているタンパク質についてDNA配列を決めたものが中心となっているからである。タンパク質からDNA配列へという解析の方向性によって作られたデータベースを用いて，その逆の検索をしようとすることに無理があるのは当然である。このデータベースを用いてDNA配列と照合して遺伝子の機能を推定することは不可能である。そこで未知のタンパク質の機能を，何らかの方法で推定する技術が必要となってくる。そこで重要となってくるのが，タンパク質の機能発現の場である高次構造の情報である。

タンパク質の高次構造の予測（prediction of higher-order structure of protein）はアミノ酸の一次配列からポリペプチドの高次構造を予測する方法で，チョウ・ファスマン（Chou-Fasman）の方法が知られている。これは，アミノ酸の一次配列から**αヘリックス**（alpha helix）や**β構造**（beta structure）やつなぎ目となる折返し構造をとるアミノ酸残基を同定することから，高次構造を予測する。

タンパク質の高次構造を解析する方法としては，X線結晶構造解析と核磁気共鳴（NMR）がおもに用いられる。X線結晶構造解析は，タンパク質溶液から精製した結晶にX線を照射したときの回折データから，結晶中のタンパ

ク質の高次構造を明らかにする方法である。

また核磁気共鳴は，タンパク質溶液を高磁場中に置いたときの共鳴シグナルから，溶液中のタンパク質の高次構造を明らかにする方法である。ともに高次構造解析には mg 単位のタンパク質試料が必要なので，大量発現系を構築する必要がある。これらの方法を用いることにより，アミノ酸一次配列と高次構造のデータベースを構築し，その高次構造予想から未知の遺伝子の機能を推定することとなる。

❖❖❖❖❖❖❖❖ 演 習 問 題 ❖❖❖❖❖❖❖❖

1. 遺伝子，DNA，染色体，ゲノムの違いを説明せよ。
2. ヒトゲノムプロジェクトはどんな成果をもたらしたか。また，人々の意識をどう変えたと思うか説明せよ。
3. 遺伝子診断のメリットとデメリットを整理し説明せよ。
4. 現在，生殖細胞への遺伝子治療は認められていない。しかし，将来的に受精卵に遺伝子治療を行うだけでなく，積極的な遺伝子導入を行い，知性や身体的能力・特徴（運動能力や容貌(ぼう)など）の高い子供を設けるデザイナー・チャイルドの構想が発表され反響を呼んでいるこの構想について，進化学的な立場からと倫理学的な立場から感想を述べよ。
5. 遺伝子が判明したときに，その遺伝子が司る表現形を推定するにはどのような方法があるかを述べよ。

3 生化学物質の計測

　ヒトは，生命を維持するために神経系，内分泌系，免疫系などのさまざまな調節機能を備えており，これらの情報伝達には数多くの化学物質が介在している。ここでは，生命計測の対象をヒトに絞り，人体を構成し機能を維持するために働いている化学物質，すなわち**生化学物質**（biochemical material）から話を始め，つぎにそれらを用いた生体計測について学ぶ。例えば，生化学物質の濃度は，糖尿病や肝機能などの健康管理にも利用されている。血液中のブドウ糖濃度を知ることができれば，糖代謝の状態を知ることができ，それをもとに糖尿病を予防するといった具合である。

3.1 人体の機能

　人体は，多くの**器官**（organs）から構成された個体であり，その生命を維持するために体の内部状態を一定に保ち，外界（環境）からの独立性を維持している。これは，ヒトに限らず生命の一般的な性質と考えられており，**恒常性**（**ホメオスタシス**，homeostasis）という。この恒常性を維持するために，さまざまな自動調節機構が存在し各器官が協調して働いている。例えば，**循環器系**（cardiovascular system）では心拍数や血圧，**呼吸器系**（respiratory system）では呼吸数やガス濃度，**代謝系**（metabolic system）では体温や血糖値がある一定の値に維持されており，急激な運動などでこれらの値が変化しても，しばらく安静にしていると定常値に戻されることを私たちは日常生活の経験から知っている。

　この自動調節機構の中心的な役割を担っているのは，**神経系**（nervous system）による神経性調節（neural control）と，**内分泌系**（endocrine system）による**体液性調節**（humoral control）であり，この二つのシステムが協調して働くことによって，体液の量とそれに含まれる**電解質**†（electrolyte）の濃度（浸透圧）が一定の値に保たれている。ヒトは，**図3.1**に示すように一日に摂取する水分量と排出する水分量の平衡が保たれている。そして，体液を10％失うと重篤となり，20％失うと通常は死に至る。このように，体液の浸透圧を一定に保つ調節機構は魚類以上の動物に存在し，体温を一定に保つ調節機構は鳥類以上の動物に存在するなど，高等生物ほどより厳格な恒常性を維持する機構を備えているのである。

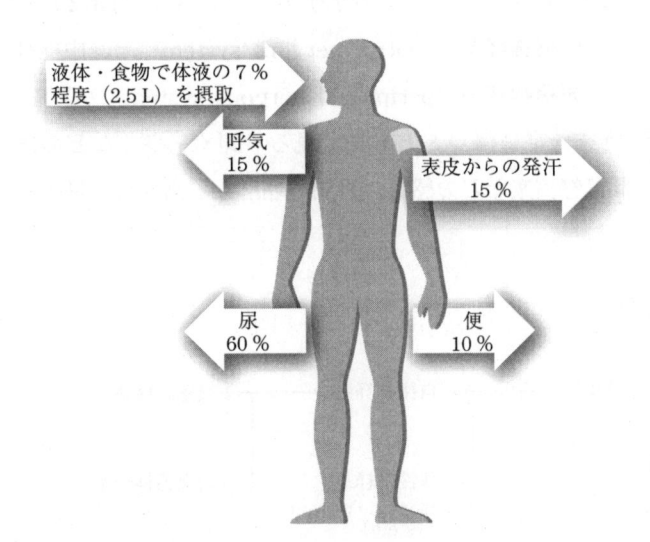

液体・食物で体液の7％程度（2.5 L）を摂取

呼気 15％

表皮からの発汗 15％

尿 60％

便 10％

図3.1 人体の中の一日の水分の流れ（成人）

[用語解説]
† 体液には，イオン伝導性を示すものと示さないものの2種類の物質が溶解している。前者が電解質であり，溶液中においてイオンに電離（イオン化）している。NaCl（食塩）のように固体でもイオンとして存在しているものと，HClのようにイオン結合性の弱い分子が溶媒分子との相互作用によってイオンに電離するものがある。体液は，体重の約40％を占める**細胞内液**（intracellular fluid）と体重の約20％を占める**細胞外液**（extracellular fluid）に分類され，細胞外液は血液，間質液（interstitial fluid）と眼

房水などその他の体液である。おもな細胞内液電解質はカリウム（K^+），マグネシウム（Mg^{2+}），有機リン酸化合物で，細胞外液電解質はナトリウム（Na^+），カルシウム（Ca^{2+}），塩素（クロール，Cl^-）である。電解質の濃度には，1gの分子量をイオンの原子価で割った値であるグラム当量（[g]または[Eq]）が用いられており，例えば1グラム当量のCa^{2+}は$40 \div 2 = 20$[g]である。

さて，人体の恒常性を維持する機能としては，神経系，内分泌系，免疫系，代謝系などがあり，それぞれの役割を担っている。神経系は，ヒトが備える制御系のうちで最上位に位置し，各器官を統率して適切に働かせるための指揮者であり，各器官どうしの連絡者でもある。脊椎動物の神経系には，図3.2に示すように脳と脊髄からなる**中枢神経系**（central nervous system）と，中枢神経と末端の受容器とを結ぶ**末梢神経系**（peripheral nervous system）がある。中枢神経は，体内の環境を一定に保つとともに，見る・聞く・歩くなどの感覚・運動機能，さらには喜怒哀楽などの感情，言語の理解など高次の精神機能までを担っている。

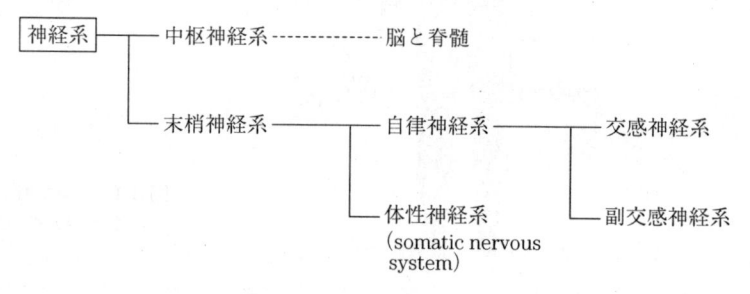

```
神経系 ─┬─ 中枢神経系 ------------- 脳と脊髄
        │
        └─ 末梢神経系 ─┬─ 自律神経系 ─┬─ 交感神経系
                       │              │
                       │              └─ 副交感神経系
                       │
                       └─ 体性神経系
                          (somatic nervous
                           system)
```

図3.2　ヒトの神経系の分類

そして，神経系の情報伝達には電気パルスと**神経伝達物質**（neurotransmitter）が関与している。また，ヒトのほとんどの器官は，**交感神経系**（sympathetic nervous system）と**副交感神経系**（parasympathetic nervous system）という**自律神経系**（autonomic nervous system）の二重支配（double innervation）を受けており，図3.3のように亢進（活性化のこと）と抑制の両作用が働く仕組みとなっている。

3.1 人体の機能

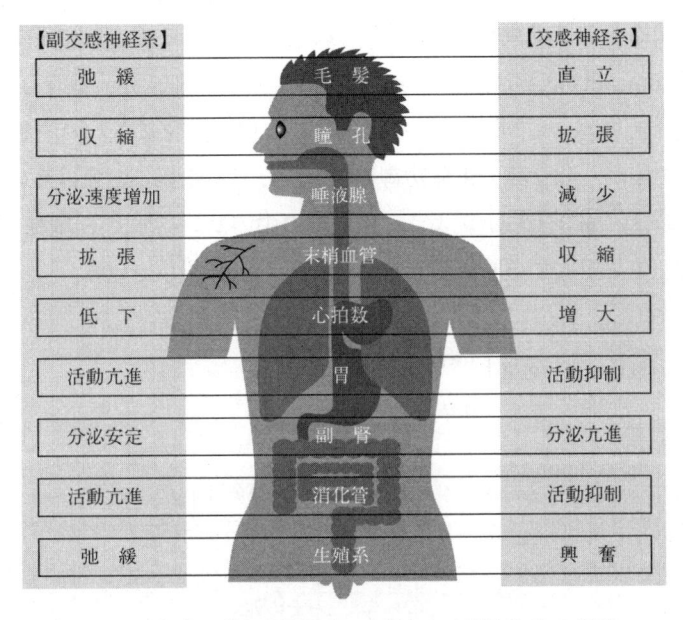

【副交感神経系】		【交感神経系】
弛 緩	毛 髪	直 立
収 縮	瞳 孔	拡 張
分泌速度増加	唾液腺	減 少
拡 張	末梢血管	収 縮
低 下	心拍数	増 大
活動亢進	胃	活動抑制
分泌安定	副 腎	分泌亢進
活動亢進	消化管	活動抑制
弛 緩	生殖系	興 奮

図 3.3 交感・副交感神経系に支配される器官とその作用

内分泌（internal secretion）とは，内分泌腺がホルモンを分泌することを指し，おもな内分泌腺は下垂体，甲状腺，上皮小体，膵臓，副腎，卵巣，精巣，松果体などである．ちなみに，汗や唾液は体外に分泌されるので，汗腺や唾液腺は外分泌腺と呼ばれる．すなわち，内分泌系とはホルモン作用そのものであり，この節のはじめでも述べたように神経系とともに生体を調節する 2 大調節系をなしている．ホルモンは，生体の器官または組織で生産される極微量の化学物質で，血液によって全身に運ばれ，特定の器官の細胞（**標的細胞**）に特異的な生理作用を発現させるものである．すなわち，ホルモンとは代謝の調節のために所定の器官に情報を伝えるメッセンジャー（chemical messenger）であり，また一面ではその役割は神経系と似ている．

内分泌系は，血流を介しているため神経系に比べ情報伝達に時間がかかるが，一度に広範囲の器官に情報を伝えることができるなどの長所もある．なお，ノルエピネフリン（＝ノルアドレナリン）など神経末端からも分泌されるホルモンもある．内分泌系は，それ自身が持つフィードバック系と神経系によ

る二重の調節を受けており，神経系と切り離して論じることはできない。

免疫（immunity）とは，ヒトを含めた脊椎動物が備えている能力の一つで，"自己"と自己でない"非自己"を区別し，非自己と認識された物質やバクテリアなどを体から取り除く**生体防御機構**のことである。この免疫系の機能を担っているのは，図3.4に示すように白血球の中のリンパ球で**B細胞**（B cell）と**T細胞**（T cell）であり，それぞれ異なった働きをしている。

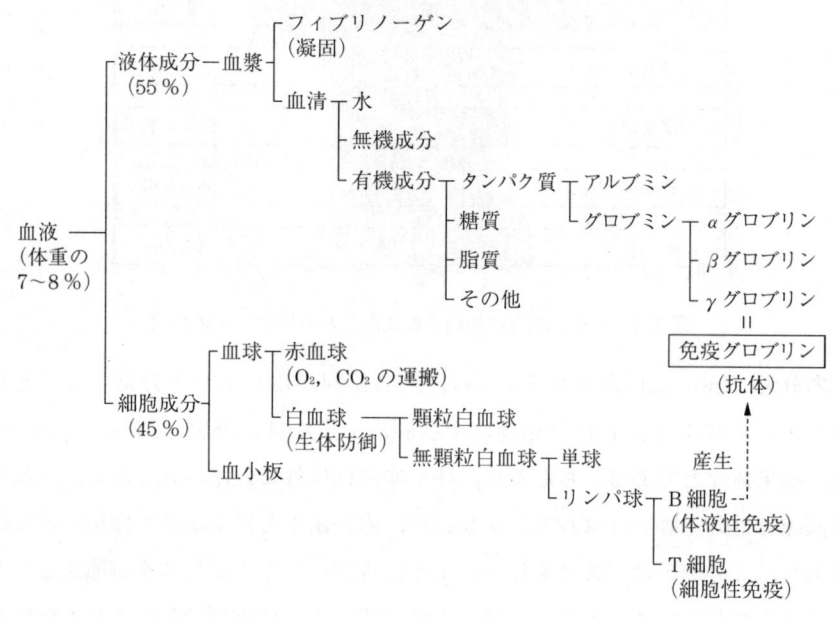

```
血液 ─┬─ 液体成分 ─ 血漿 ─┬─ フィブリノーゲン（凝固）
(体重の   (55%)           └─ 血清 ─┬─ 水
7〜8%)                              ├─ 無機成分
                                    └─ 有機成分 ─┬─ タンパク質 ─┬─ アルブミン
                                                 ├─ 糖質         └─ グロブミン ─┬─ αグロブリン
                                                 ├─ 脂質                         ├─ βグロブリン
                                                 └─ その他                       └─ γグロブリン
                                                                                    ‖
                                                                                免疫グロブリン
                                                                                  （抗体）
                                                                                    ↑
      └─ 細胞成分 ─┬─ 血球 ─┬─ 赤血球（O₂, CO₂ の運搬）            産生
           (45%)            ├─ 白血球 ─┬─ 顆粒白血球
                            │ (生体防御) └─ 無顆粒白血球 ─┬─ 単球
                            └─ 血小板                     └─ リンパ球 ─┬─ B細胞（体液性免疫）
                                                                       └─ T細胞（細胞性免疫）
```

図3.4　免疫系の機能を担う白血球

B細胞は，人体にとって異質なもの，例えば細胞，タンパク質や多糖類などの高分子物質（**抗原**，antigen）に反応して，それと結合する**抗体**（antibody）を産生する。この抗体は抗原と結合して分解し，体から排除するのである（**抗原抗体反応**，antigen-antibody reaction）。この働きでは，抗体が血液などの体液中にあるので**体液性免疫**（humoral immunity）と呼ぶ。このB細胞によって作られる抗体を特に**免疫グロブリン**（immunoglobulin，Igと略称）と呼び，ヒトではIgG，IgM，IgA，IgD，IgEの5種類に分けられる。

例えば，免疫系は時として大して問題ではない物質を攻撃し，その結果じん麻疹，喘息や下痢など生体に異常を引き起こすことがあり，このような**アレルギー**（allergy）の原因となる抗体は IgE である。

一方，T 細胞は体にとって異質な抗原が体内に侵入すると T 細胞自身がその抗原に反応し，除去するように働く。この働きでは，T 細胞が直接免疫機構として働くので，**細胞性免疫**（cellular immunity）と呼ぶ。

また，生物が生後に病原体に感染するなどして得られた免疫を**獲得免疫**（acquired immunity）という。一方，生まれながらにしてあらかじめ備わっている免疫を**自然免疫**（natural immunity）といい，大腸菌などの細胞壁を溶かして殺してくれる唾液中の酵素"**リゾチーム**"もその代表例の一つである。

代謝（metabolism）とは，生体内における物質の変化のことであり，生体内でエネルギーの出入りが行われる過程を指している。ヒトは食物からエネルギー源を摂取し，つねにエネルギーを消費して生命活動を行っている。食物中の栄養素であるタンパク質，糖質，脂質などの高分子が低分子に分解されるときにエネルギーを放出するので，代謝とはこれらの化学物質が種々の化学的過程を経て分解され，体外に排泄されていくまでの過程のことである。代謝は，内分泌系による調節を受けている。

代謝の対象となる物質は，生物を形作っているタンパク質，糖質，脂質などの 3 大栄養素だけでなく，生命活動の維持に必要な無機質やビタミンなども含まれる。生体内に取り入れられた栄養素をもとに細胞組織を作り上げていくのを同化作用（anabolism）といい，細胞組織で種々の物質が分解され，その分解産物や老廃物が排出されていくのを異化作用（catabolism）という。

また，生体内で栄養素が同化，または異化されていく過程を化学的な側面から観察するのが中間代謝（intermediary metabolism）であり，同じ代謝系をエネルギー出入りの側面から観察するのがエネルギー代謝（energy metabolism）である。生体を構成する物質は，その総量を一定に保ちつつ合成と分解を受けて一定の速さで入れ替わっており，この動的定常状態を**代謝回転**（metabolic turnover）という。

3.2 人体の生化学物質

人体を構成するおもな元素は十数種類あり，割合の多い順に示すと酸素(O) が65%，炭素（C）が18%，水素（H）が10%，窒素（N）が3%，カルシウム（Ca）が2%，リン（P）が1%で，残りの約1%がその他の元素である。これらの人体を構成する物質の大部分は化合物として存在し，有機物質と無機物質に大別される。

図3.5には，人体の機能とそれに関連する生化学物質の関係を示す。これらの機能にかかわっている人体にとって重要な**有機化合物**（organic compound）と**無機化合物**（inorganic compound）について考えてみよう。

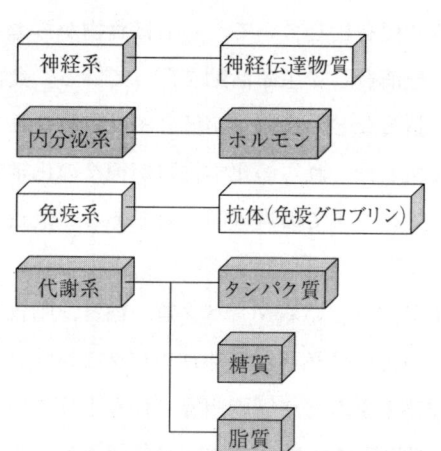

図3.5 人体の機能とそれに関連する生化学物質

1）**神経伝達物質** 内分泌系ではホルモンが働くのに対し，神経系では神経伝達物質が働く。神経伝達物質とは，神経細胞の終末からシナプス間隙に放出され，つぎの神経細胞や筋肉細胞などに興奮または抑制の作用を引き起こす化学物質の総称である。カテコールアミン，セロトニン，アセチルコリンなどのアミン類†や，グルタミン酸, γ-アミノ酪酸(GABA)，グリシンなどのアミノ酸類，さらにサブスタンスP，エンケファリン，

[用語解説]

† アンモニアの水素原子の1個またはそれ以上が炭化水素残基Rで置換された化合物を**アミン**（amine）という。Rがすべてアルキル基であるものを脂肪族アミン，Rの一部もしくはすべてが芳香族炭化水素残基であるものを芳香族アミンという。

生体中にもきわめて多くの種類のアミンが存在しており，生体内で作られるアミンを特に**生体アミン**（biogenic amine）という。**カテコールアミン**，セロトニン，メラトニンなどが挙げられ，これらはすべてホルモンか神経伝達物質のいずれかに該当し，極微量で生理機能の調節を行っている。カテコールアミンは，おもに脳，副腎髄質および交感神経に存在する生体アミンの総称で，生体内ではエピネフリン（＝アドレナリン），ノルエピネフリン（＝ノルアドレナリン），ドーパミンの3種が知られている。

エンドルフィンといったペプチド類など，十数種類が知られている。

これらの多くは，神経細胞終末のシナプス小胞に貯えられていて，神経興奮とともにシナプス間隙に放出され，人体の諸機能をコントロールしている。それらの濃度異常などが病気と関係することから，神経伝達物質の研究が進められ，高血圧，消化管運動，疼痛などの全身的な疾患や症状を改善するために神経伝達物質を介する治療も行われている。

2) **ホルモン**　生物界全体で考えると，**ホルモン**（hormon）には動物ホルモン，植物ホルモン，昆虫ホルモンがある。動物ホルモンは，その化学構造から1) ステロイドホルモンと，2) タンパクホルモン・ペプチドホルモンおよびアミン類の二つに大別される。その分泌機構は，糖代謝を例に説明すると，血液中のグルコース濃度（**血糖値**, blood glucose level）が上昇するとそれが膵臓の β 細胞がそれを感知してインスリン（insulin）というホルモンを分泌し，全身の細胞におけるグルコースの取り込みを促進する。逆に，血糖値が低下すると膵臓の α 細胞がそれを感知してグルカゴン（glucagon）というホルモンを分泌し，これが肝臓に蓄積されたグリコーゲンのブドウ糖への分解を促進し，血糖値を上昇させるというフィードバック機構を有している。この他，エピネフリンやコ

ルチゾールなどは，代表的なストレス・ホルモンである（5.3節を参照）。

3) 抗体　免疫システムによって，人体にとって異質なものと認識された抗原に特異的に結合するタンパク質が抗体であり，免疫グロブリンともいう。抗原と抗体の関係は，抗原が"鍵"に，抗体が"鍵穴"に例えられ，ヒトは100万個から1億個ぐらいの抗体（鍵穴）を用意することができるだろうといわれている。

1個のB細胞は1種類の抗体しか作ることができないので，B細胞の表面には同じ抗体が並んでおり，抗体の種類だけB細胞の数がある。これらのいろいろな鍵穴を持ったB細胞たちは，普段リンパ節の中にじっとしているが，体の中に異物が侵入すると鍵（抗原）はぴったりの鍵穴に入り込み，鍵を回す。すると，B細胞が作動してその鍵穴のコピーを大量に作り出す。抗体がからみついた抗原は，それを目印として好中球という白血球に食べられたり，細胞の中に溶け込むことができなくなったりして無毒化するのである。この抗原の鍵の部分を**エピトープ**（または抗原決定基，epitope）といい，わずか4～8個のアミノ酸からできている。このように，抗体は抗原のエピトープのわずかな構造の違いから相手を識別しており，これを抗原特異性といい，その物質選択性はたいへん高い。

4) 代謝　代謝にかかわる物質を以下に示す。表3.1には，**糖質**（glucids）の分類と特徴を示す。糖質は，炭素と水との化合物であるので，炭水化物（carbohydrate）ともいわれる。**多糖類**は，酵素によって**グルコース**（**ブドウ糖**，glucose），フルクトース（fructose），ガラクトース（galactose）などの**単糖類**に分解されてから生体内に取り込まれる。このうち，グルコースは脳などのエネルギー源として最も重要である。

一方，**タンパク質**（protein）とは，アミノ酸が縮合重合（**ペプチド結合**）した高分子で，通常分子量が5000以上のものを指し，それ以下のものを**ペプチド**（peptide）という。タンパク質は，アミノ酸に分解されて体内に入る。人体の固形成分の50％以上を占め，ほとんどの組織や器官の主成分で，**酵素**（enzyme）や抗体の主成分もタンパク質である。

3.2 人体の生化学物質

表 3.1 おもな糖質の分類とその特徴

(a) 糖の分類

糖類 ─┬─ 単糖類：これ以上加水分解できない糖類
　　　│　　　　$C_6H_{12}O_6$
　　　├─ 二糖類：加水分解によって 2 分子の単糖類に分けられる糖類
　　　│　　　　$C_{12}H_{22}O_{11}$
　　　└─ 多糖類：加水分解によって多数の単糖類が生成する糖類
　　　　　　　　$(C_6H_{10}O_5)_n$,　$n=10^3 \sim 10^4$

(b) おもな糖類

分　類	名称（慣用名）	構成単糖類	特　徴
単糖類	グルコース（ブドウ糖） フルクトース（果糖） ガラクトース（脳糖）	──	すべて水溶性, 還元性
二糖類	スクロース（ショ糖） マルトース（麦芽糖） ラクトース（乳糖）	グルコース・フルクトース グルコース×2 グルコース・ガラクトース	還元性なし ｝ ｝還元性　水溶性
多糖類	セルロース グリコーゲン スターチ（デンプン）	グルコース グルコース グルコース	｝還元性なし

(c) 糖とデンプンの関係

	グルコース	オリゴ糖	デキストリン	デンプン
グルコースの数	G 1	G-G 2 ←→	10 ←→	数千 ←
		デンプンの中間分解産物（酸や酵素で分解される）		

　また，人体にとって重要な脂質は，**単純脂質**（**中性脂肪**, neutral fat），リン脂質，糖脂質などの**複合脂質**（complex lipids），ステロールや**コレステロール**などの**ステリン類**（ステロイド, steroids）などである。脂質は，単位重量当りの熱量が糖質やタンパク質の 2 倍なので，エネルギー源として最も効率が良い。さらに，ビタミンは体内の化学反応を調節する物質の一つであるが，体内では合成できないので自然界から摂取するしかないが，それ自体は燃焼してエネルギーとなることはない。無機質としては，骨の主成分であるカルシウムや，体液に必要なナトリウム，カリウム，塩素がなくてはならない元素である。

3.3 疾患と検査

私たちは，身体の機能，構造，器官などの障害，停止や喪失を一般的に病気といっているが，医学的にはつぎの基準のうち少なくとも二つを満たす身体の変化を**疾患**（disease[†]）という。

・病因物質を持つこと，

・はっきりと指摘できる兆候や症候群があること，

・一致した解剖学的な変化があること

> ［用 語 解 説］
> [†]「disease」，「illness」と「sickness」の違いについて米国在住 20 年以上の日本人に尋ねたところ，disease は書き言葉で illness や sickness は話し言葉として用いるようである。例えば，病気になった医学部の教授でも my disease とはいわず my illness という。さらに，disease は名詞としてしか使われないが，sick は形容詞として心の状態も表現する。つまり I feel sick and tired of him. といえば「もうあの人にはうんざりよ」だし，気持ちが悪いものを見たり聞いたりしたときも I feel sick. という。しかし，I feel ill. とはいわないし，ましてや I feel disease. とは絶対にいわない。これは，日本語でも「ゲー気持ち悪い！ 病気になりそう」という表現は，本当の病気でなくても使うのと同じ感覚であろう。さて，英国ではどうだろうか？

日本の主要な死因や疾患は急激に変化しつつあり，1950 年には結核，肺炎などの感染症疾患が中心であったのが，1980 年代には悪性新生物（**がん**，cancer），心疾患，脳血管疾患などの 3 大生活習慣病といわれる疾患が国民死亡率の約 60 ％を占めるようになった[†]。

この**生活習慣病**という用語は，食生活，運動，休養や喫煙，飲酒などの生活習慣（ライフスタイル，lifestyle）がその発症や進行に大きく関与すると考えられている慢性疾患のことで，厚生省（現　厚生労働省）が 1996 年に命名したが，それまでは成人病と呼ばれてきた。

これは，未成年でも成人病を発症する人の割合が増加したことや，成人病の

[用語解説]
　2002年の日本人の死因として多いものを上位10位までを順に挙げると，① 悪性新生物 304 568 人（31.0％），② 心疾患 152 518 人（15.5％），③ 脳血管疾患 130 252 人（13.3％），④ 肺炎 87 421 人（8.9％），⑤ 不慮の事故 38 643 人（3.9％），⑥ 自殺 29 949 人（3.0％），⑦ 老衰 22 682 人（2.3％），⑧ 腎不全 18 185 人（1.9％），⑨ 肝疾患 15 490 人（1.6％），⑩ 慢性閉塞性肺疾患 13 021 人（1.3％）である。自殺が6位に入っているのは，心の病が深刻な問題になっていることを表しているといえよう。また，糖尿病は 12 635 人（1.3％）で，上位10位以内に入るのも時間の問題と考えられている。

発症や進行には単なる加齢現象ではなく，生活習慣を長年にわたって不適切に積み重ねた結果発症するという理解が進んだ結果，成人病という呼び方がそぐわなくなってきたためで，原因そのものを表現した生活習慣病という名称に変えたほうが病気の原因が認識されやすく予防に結び付くという考え方に基づいている。この生活習慣病や成人病は日本固有の呼び方であり，英語ではchronic disease（**慢性疾患**）に相当するであろう。

　生活習慣病は，親から受け継いだ体質（遺伝）などでなりやすい場合もあるが，大部分は食事の取り方の間違い，アルコールやたばこなどの嗜好品の摂り過ぎ，運動不足，心身の休息の不十分（ストレス）などの生活習慣を見直すことによって予防できる部分も大きい。図3.6に示すように，3大生活習慣病のほかには，糖尿病，高血圧症，高脂血症，骨粗鬆症，老人性痴呆症などが挙げられる。

　生活習慣病は，いったん発症すると完全に治癒することが困難なので，その予防も大切である。

1) **一次予防**　ウイルス性疾患の場合には病原体と接触しないようにすること，疾患を引き起こす可能性が高いといわれている栄養素を摂り過ぎないこと，適度な運動をし，休養をとるなど生活習慣を改善して，病気にならないようにすることなど，根本的な予防を指す。

3. 生化学物質の計測

全身に関係している病気
- **悪性新生物（がん）**
- 糖尿病
- 高血圧症
- 高脂血症
- 骨粗鬆症

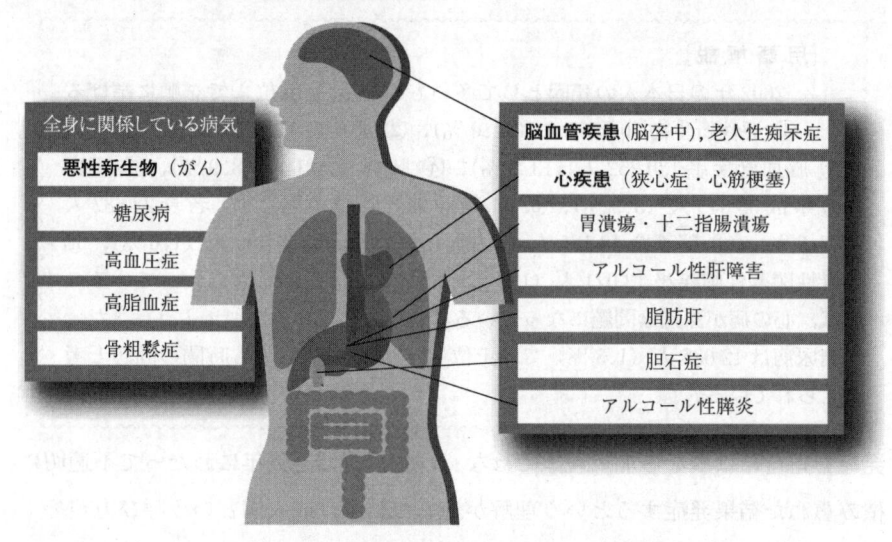

- **脳血管疾患**（脳卒中），老人性痴呆症
- **心疾患**（狭心症・心筋梗塞）
- 胃潰瘍・十二指腸潰瘍
- アルコール性肝障害
- 脂肪肝
- 胆石症
- アルコール性膵炎

図 3.6 生活習慣病と考えられているおもな疾患
（太字は 3 大生活習慣病）

2) 二次予防　病気を早期に発見して治療するために，健康診断など定期的な検査を受けること。

3) 三次予防　生活習慣病が発症してしまったら，その専門医の適切な指示に従い，疾患の進行を防止すること。

すなわち，医学的には**検査**（test）といわれる生体計測は，この二次予防において特に重要な役割を果たしている。

3.3.1 検査の分類

3.2 節で述べてきたように，血液には人体の状態を知るためのさまざまな情報が隠されている。血液だけでなく，唾液，尿，便，喀痰，髄液，組織の一部など，人体から採取したものを**検体**（sample）といい，検体の性質やそれに含まれている化学物質を分析することを**検体検査**と呼ぶ。一方，心電図，心音や脳波などのように，生体の電気的・物理的な情報を非破壊的に体外から検査することを**生理検査**と呼んで区別している。

このように，医学的な目的で人体に対して行われる検査を総称して**臨床検査**

(clinical test, clinical laboratory) という．**臨床** (clinical) とは，患者のそばでという意味の医学用語であり，患者の状態や疾患の症状・経過を意味している．また，clinical laboratory は学問領域の一つとしての臨床検査学や病院に設けられた臨床検査室（部門）を指す．すなわち，臨床検査は被検者（患者）から直接的・間接的に病気の情報を導き出すことで，その結果は診断や治療のために重要な情報を提供する．いい換えれば，経験と勘によって行われてきた診断と治療を科学的，客観的に展開するための方法である．

生理検査については，その一部を 5.3 節で述べるがそのほかは他書に譲り，ここでは臨床検査の中核をなす検体検査に関して説明する．検体検査は，**定性分析，定量分析**，代謝動態の追跡や臓器の負荷試験など，多彩な方法により構成されている．

検体検査の種類は，**表 3.2** のように方法・対象による分類と，疾患による分類で示される．方法・対象による分類では，一般検査，生化学検査（血液化学検査），内分泌学的検査，免疫学的検査のほかに，細菌学検査や遺伝子関連検査など，最先端のサイエンスとテクノロジーを取り込んでさまざまな新しい方法が生まれつつある．その結果，**表 3.3** に示すように臨床現場のみならず，疾患の経過の予測（**予後**，prognosis），薬剤の副作用や有効性の予測，さらに将来における疾患のかかりやすさの予測まで守備範囲を広げつつある．では，これらの検査で何がわかるか，疾患との関連を考えてみよう．

表 3.2 検体検査の分類方法

方法・対象別	疾 患 別
― 主要 ―	― 主要 ―
一般検査	悪性新生物（がん）
生化学検査（血液化学検査）	心疾患
内分泌学的検査	脳血管疾患
免疫学的検査	― その他 ―
― その他 ―	糖尿病
血液学検査	高血圧症
病理検査	高脂血症
細菌学検査	骨粗鬆症
遺伝子関連検査	老人性痴呆症
など	など

表3.3 方法や対象で分類した検体検査

分　　類	内　　　容	何がわかるか？
一 般 検 査	尿中の成分，便中の寄生虫卵や潜血を調べる	おもに腎疾患や糖尿病，便は消化器系疾患
生化学検査	おもに血清中の成分を分析する	全身状態の把握や代謝の異常
内分泌学的検査	おもに血清中のホルモン濃度を分析する	分泌腺の異常など
免疫学的検査	抗原抗体反応を利用して特定のタンパク質を分析する	感染症やがん，アレルギーなど
血液学検査	おもに血液中の細胞数や細胞の形を観察する	貧血，白血病，一般炎症など
病 理 検 査	おもに臓器や細胞からがんを探す	各種のがんや婦人病など
細菌学検査	喀痰や尿などから病原菌を探す	結核などの感染症
遺伝子関連検査	遺伝子の塩基配列を解析する	遺伝子異常が原因と考えられる疾患など

3.3.2　一 般 検 査

一般検査とは，多くの専門的な検査の前段階として定性検査・半定量検査によって正常値と異常値のふるい分けを行う検査のことであり，これを**スクリーニング検査**（screening test）ともいう。**半定量検査**とは，定量検査のように絶対量を求めるわけではないが，正常値と異常値を数段階（－，±，＋，2＋，3＋など）のクラス分けをして示す。ここで，**正常値**[†]（normal value，または基準値，基準範囲）とは，健常者が示すべき数値のことであるが，健常者だけを選別して正常値を規定することは原理的に不可能であり，一般的には臨床的に異常を示さないヒトを正常としてデータを集積した結果から定められている。

そして，技術的変動，個人間変動や個人内変動により正常値には幅が生じ，これを**正常範囲**という。正常範囲から外れている場合を**陽性**（positive，＋），正常範囲に入っている場合を**陰性**（negative，－）という。陽性とも陰性とも判定できない境界領域にあるが，誤って陽性として判定された状態を**疑陽性**（false positive），誤って陰性として判定された状態を**疑陰性**（false negative）という。疾患を見落とすのを避けるために，検査結果は疑陰性ではなく疑陽性を示すよう，検査方法が設定されているのが普通である。

[用語解説]

　正常値とは，一体どのようにして決められているのだろうか。正常値には，**統計学**的方法から決められた値と，**生化学的限界値**から判断した値の2種類がある。血糖値，血清カリウム濃度，血中尿素窒素など多くの検査値はある値の周辺に多く分布し，その値から左右に遠ざかるほど，頻度が低くなり左右対称で釣鐘型の**正規分布**となる。

　そこで，統計学的方法による場合の正常値は，正常人集団の平均値 m と**標準偏差** SD から「m±2 SD」の範囲と決められており，この範囲にはデータの約95％が含まれることとなる。ちなみに，1人の健常者が"たがいに独立した"20種類の検査を受けると，どれか一つの検査値（1/20＝5％）は正常範囲からはずれてもおかしくない。よって，検査結果に異常値があったからといってただちに病気であると早合点してしまうのは危険である。

　一方，生化学的限界値は，この正常値の一部，特に上限値を 2 SD の範囲よりも制限したものとなっている。なぜそのようなことが必要かというと，例えば総コレステロールは冠状動脈硬化症の臨床的な危険値が 220 [mg/dL] とわかっているが，上述の統計学的方法のみで判断すると特に高齢者では 220 [mg/dL] を超えてしまっても正常範囲になってしまうことがあるからである。このように，正常値が正常人すべてを表す値ではないことから，最近では基準値，参考値や基準範囲と呼ぶようになった。

　一般検査としては，尿検査を中心に，便検査，髄液検査，腹水，胸水などの体液検査が行われている。

1）**尿**　尿（urine）の色調は青黄色・琥珀色が正常とされ，紫色または赤色ではヘモグロビンの混入が疑われ，混濁またはミルク色で尿酸塩・リン酸塩の沈殿が疑われるなど，12通りに分類されている。尿中のタンパク質（尿タンパク），グルコース（尿糖），ウロビリノーゲン（UG），ビリルビン（BR）などを測定する。尿タンパクが 10 [mg/dL] を超えると陽性とされ，腎疾患や肝硬変などが疑われる。尿糖は 50 [mg/dL] を超えると陽性とされ，糖尿病，重症肝疾患などが疑われる。ウロビリノーゲンは肝胆道系疾患など，ビリルビンは黄疸の把握に用いられる。

2） 糞　便　　糞便（feces）では潜血や寄生虫の検査が行われる。便や唾液などの生体外液に混入している微量の血液を**潜血**（occult blood）といい，可視できないが化学的な検査で検出され，消化管の出血の有無がわかり，胃，腸，肝臓，胆嚢，膵臓の潰瘍，炎症やがんが疑われる。

3） 髄　液　　髄液（cerebrospinal fluid）とは脳脊髄液ともいい，脳室内と脳・脊髄を取り囲むクモ膜下腔を満たしている体液の一種で，その組成は脳の細胞外液と同じである。髄液によって生じる浮力やクッション性のおかげで，脳や脊髄は重力によって変形することもなく，また外からの機械的な衝撃や熱などの刺激からも保護されている。また髄液は，神経細胞の浸透圧を一定に保ち，不要な分解産物などを除去する役割もある。髄液検査では，タンパク質，糖質，クロールなどを測定し，髄膜炎，脳炎，ポリオなどの検査などに利用される。

3.3.3　生化学検査

生化学検査は，血液の分析が中心であることから血液化学検査ともいう。タンパク質，糖質，脂質，酵素，低分子窒素化合物，有機酸，ビタミン，電解質，血液ガス，金属，色素などを分析し，肝機能，糖代謝，脂質代謝，水分・電解質の代謝，酸・塩基平衡などのスクリーニング検査が行われる。

1） **タンパク質**　　血漿タンパク質は100種類以上の成分からなり，そのすべてを総称して**総タンパク**（total protein）という。正常値は6.7〜8.3［g/dL］であり，高値で高グロブリン血症，低値でがん，慢性肝疾患などが疑われる。

2） 酵　素　　さまざまな疾患に関連する50種類以上の酵素が必要に応じて測定されている。AST（＝GOT）は心筋，肝臓，骨格筋に多く存在し，ALT（＝GPT）は肝臓，腎臓，心筋や骨格筋に多く存在する酵素であり，AST，ALTやγ-GTPが高値を示すと肝疾患が疑われる。

3） 糖　質　　人体は，脂質と糖質をエネルギー源としている。血糖とは，血漿中のD-グルコースのことであり，これは脳などの中枢神経系にとっ

て唯一のエネルギー源なので,その濃度を一定に保つことは生命の維持にとって最も重要である。血糖値は,通常 60〜140 [mg/dL] の範囲に保たれており,例えば静脈血漿中の空腹時血糖値が 126 [mg/dL] 以上となると,糖尿病が疑われる。

糖代謝異常を検査する方法として,**経口糖負荷試験**(oral glucose tolerance test, OGTT)があり,早朝空腹時に所定量(75 g)のグルコース溶液を服用して人工的に高血糖状態を作り出し,30 分ごとに 2 時間にわたって血糖値を測定することによって糖同化機能(**耐糖能**)を測定する。

4) **脂 質** 血中のおもな脂質は,トリグリセリド,コレステロール,リン脂質,遊離脂肪酸であり,**総脂質**(total lipid, TL),トリグリセリド(triglyceride, TG),HDL コレステロール,LDL コレステロールなどを分析する。高脂血症とは総脂質の増加ではなく,脂質成分の一つ,例えばコレステロールの増加を指す。トリグリセリドは,グリセリンの脂肪酸エステルであり,中性脂肪の 90 % 以上がトリグリセリドとして存在するので,中性脂肪と同義語で用いられている。コレステロールは,水に不溶なので低比重リポタンパク質(LDL)と結合し,肝臓から全身に運搬される。コレステロールを摂取しすぎると血清中に LDL が充満して高脂血症となるため,悪玉コレステロールともいわれる。悪玉コレステロールは,動脈壁で酸化されてそこに溜り,血液の流れを悪くする動脈硬化の原因となる。

一方,高比重リポタンパク質(HDL)は,余分なコレステロールを回収して肝臓に戻すことによって濃度を低くする働きがあるので善玉コレステロールともいわれる。

5) **低分子窒素化合物** クレアチン(creatine),クレアチニン(creatinine),尿酸(uric acid, UA),尿素窒素(blood urea nitrogen, BUN)などを分析する。クレアチンは,その 95 % が筋肉に存在するので,高値では筋の崩壊や萎縮などの筋疾患が疑われる。クレアチニンは,クレアチンリン酸より生じたクレアチンが脱水されて生成し,腎臓の糸球体でろ過さ

れるので，高値で腎不全，低値で筋ジストロフィー症が疑われる。尿酸は，プリン体の最終産物で，高値で痛風，腎障害や白血病が疑われる。また尿素は，タンパク質代謝の最終産物で，尿素窒素が高値だと腎疾患が疑われる。

3.3.4 内分泌学的検査

内分泌腺から分泌されるホルモンは，身体の成長や新陳代謝，自律神経系の調節，性機能の調整などを行っており，その機能が異常をきたすと種々の疾患の特徴となる病的状態を引き起こしてしまうこともある。内分泌腺の機能は，神経系やその他の器官とも密接な関係にあるため，検査方法も多岐に渡り，**ラジオイムノアッセイ**（RIA）や**エンザイムイムノアッセイ**（EIA）が用いられている。内分泌学的検査の対象となっているおもな分泌腺とホルモンを列挙すると，下記のものがある。

1) 脳内ホルモン　　セロトニン，エピネフリン，ノルエピネフリン，アセチルコリン，ドーパミン
2) 脳下垂体　　成長ホルモン（GH），黄体形成ホルモン（LH），卵胞刺激ホルモン（FSH），副腎皮質刺激ホルモン（ACTH），甲状腺刺激ホルモン（TSH）
3) 甲状腺・副甲状腺　　サイロキシン（T4），トリヨードサイロニン（T3），カルシトニン（CT）
4) 膵臓・消化管　　インスリン（IRI），グルカゴン（IRG），ガストリン（GST）
5) 副腎皮質　　糖質コルチコイド（glucocorticoid），鉱質コルチコイド（mineralcorticoid），性コルチコイド（adrenal androgen）の3種のステロイドホルモン（steroid hormone）。代表的な糖質コルチコイドには，コルチゾール（CORT）がある（5.3節を参照）。
6) 副腎髄質　　カテコールアミン，セロトニン（EDTA）（5.3節を参照）
7) 性腺・胎盤　　睾丸より分泌されるテストステロン（TST），胎盤より

分泌される絨(じゅう)毛性ゴナドトロピン（HCG），胎盤ラクトゲン（HCS）

3.3.5 免疫学的検査

本検査法は，検体に含まれる抗原や抗体を特異性の高い抗原抗体反応を用いて測定するもので，高感度であるという特長があり，ウイルス性の**感染症**やがんの検査に利用されている。検体として血清が用いられることが多いので，免疫血清学的検査ともいう。以下に，おもな検査方法を紹介する。

1) **ABO式血液検査** 私たちがよく知っているABO血液型は，1901年にノーベル賞受賞者のカール・ランドシュタイナー（K. Landsteiner）によって発見された。今日では，血液中の赤血球の細胞膜上には何百種類もの抗原があることがわかっているが，ランドシュタイナーは赤血球にA，B，Hという3種類の基本的な抗原があることを見いだし，このうちAとHを持つものをA型，BとHを持つものをB型，A，B，Hのすべてを持つものをAB型，そしてHだけを持つものをO型と分類した。最初に血液中から発見されたために"血液型"という呼び方が定着したが，その後も研究が進み，この抗原は赤血球だけでなく体中に存在することがわかってきた。赤血球と臓器に多量に存在する血液型抗原を脂溶性血液型物質（糖脂質でできている），唾液，胃液，腸液，涙，汗，精液などに多量に存在する血液型抗原を水溶性血液型物質（糖タンパクでできている）と呼んで区別している。

2) **ウイルス感染症検査** 風疹，梅毒，肝炎，AIDSの検査などが挙げられる。この検査は，スクリーニング検査と，その結果が疑わしい場合にさらに確認するための確認検査の2段階で行われることが多い。AIDSの検査では，体液（おもに血液，もしくは唾液[†]）中のHIV抗体の有無を調べる。測定法の利便性や検出感度の違いから，スクリーニング検査では酵素標識（固相）免疫測定（ELISA）法，ゼラチン粒子凝集（PA）法や新しい免疫クロマトグラフィー（IC）法を用い，確認検査ではウエスタンブロット（WB）法が用いられる。

[用語解説]

† エイズ（acquired immunodeficiency syndrome, AIDS）が発見された当初は，怖い病気，恐ろしい病気という点が強調されたために，患者に対する偏見や差別も生まれていたが，エイズの感染の仕方は非常に限られている。**HIV** とは，人（human）免疫不全（immunodeficiency）ウイルス（virus）の頭文字を取ったもので，"人の免疫システムを壊す（免疫不全にする）微生物"のことを指している。

この HIV に感染した状態を「エイズに感染した」といい，HIV による免疫不全の結果，カリニ肺炎など特定の病気（23種類）が発症した状態を「エイズになった（発症した）」といっている。ちなみに，エイズを日本語に訳すと「後天性免疫不全症候群」となる。唾液，汗，涙ではウイルス量が少ないので感染しないし，多量の水で希釈されると感染力が弱くなるので風呂やプールでも感染しないことがわかっている。

ただ，現在の日本では 40 歳以上の約 85 ％は何らかの形で歯周病に罹っているといわれており，歯周病がひどくなれば出血を伴うので，一部では口内出血のある時は感染に注意したほうがよいという意見もあるが，唾液ではエイズに感染しないという事実には変わりはない。

3) **アレルゲン検査**　3.1節で述べたように，アレルギーとは抗原抗体反応によって引き起こされる免疫反応のうち，人体にとって不都合な生体反応を指している。アレルギーの原因物質（抗原）を**アレルゲン**（allergen）といい，ハウスダスト，花粉，真菌や動物毛などの吸引性のものと，牛乳，卵，豆類，甲殻類やそば粉などの食事性のものがある。アレルゲンを皮膚に貼り付けるパッチテスト，皮膚にごく小さな傷を付けアレルゲンを塗布するスクラッチテスト，滅菌したアレルゲンの混合溶液を表皮内に注射する皮内テスト，および IgE 抗体の半定量検査として採血した血液の一部を特定の抗原と試験管内で結合させて情報を得る RAST（radio allergo sorbent test）などがある。

4) **皮膚反応検査**　代表的なのは，結核菌の成分の一部が入ったツベルクリン液を注入し，結核菌に対するアレルギー反応を利用して結核菌の感染の有無を調べるツベルクリン反応である。陰性（感染していない）

の場合には，BCG（牛型結核菌を弱めた生ワクチン）接種を受け予防措置が行われる。BCG菌には疾患を起こす力（**病原性**，pathogenicity）がないので，BCGが持つ抗原によって感受性が誘発される（感作，sensitization）。このようにして，BCG菌に対する抗体が体内に形成されるが，BCG菌はヒトでは1〜2ヶ月ほどで体内（宿主）から消える。

5) **腫瘍（がん）マーカー**　体のどこかにがんが潜んでいる場合，がん細胞は特殊なタンパク質，抗原やホルモンを産生する。これらの化学物質のうち，診断に利用できるものを腫瘍マーカー（目印）と呼ぶ。腫瘍マーカーは，ごくわずかずつ血液中に流れ込みその一部は尿として体外に排泄されるので，がんの診断では血液，尿，糞便または疑わしい病変組織の一部を採取して分析する。一般の病院で血液や尿を使った臨床検査として測定している腫瘍マーカーには，がん胎児性タンパク抗原（CEA，正常値：5.0 [ng/mL] 以下），肝臓がんマーカーの α-フェトプロテイン（AFP，正常値：20 [ng/mL] 以下），前立腺特異抗原（PA，正常値：3.6 [ng/mL] 以下）など30種ほどある。腫瘍マーカーの検査によって，体のどの部分にできたがんか，どんな性質か，どの治療法が有効か，また手術後に取り残しがないか，再発していないかなどを調べることができる。

3.4　生化学的な分析法

ここまで，生体には数え切れないくらいの**生化学物質**が存在し，そのうち重要と考えられる物質について，臨床的な意義などを学んできた。これから，いよいよ生化学物質の計測技術についてより具体的に学ぶことになる。検出したい特定の分子を見分けること**分子認識**（molecular recognition）といい，本節では分子レベルから生体反応を理解するために，化学分析といわれている方法に用いられている原理と応用について説明する。**化学分析**（chemical analysis）の原理を理解する，すなわち"そこで起こっている現象は何であるの

か"を正確に捉えていくには,物理学の観点からの考察が必要である。

3.4.1 分析法の原理

電子,原子,分子などの粒子の間に働く自然界に存在する力としては,図 3.7 に示すように 10^{-11} [m]（10 [fm]）以下の距離で作用する

1) **強い相互作用**（strong interaction）
2) **弱い相互作用**（weak interaction）

と,原子内レベルの微小距離から惑星間などの無限大までの広い距離で作用する

3) **電磁的相互作用**（electromagnetic interaction）
4) **重力相互作用**（gravitational interaction）

の四つがある。

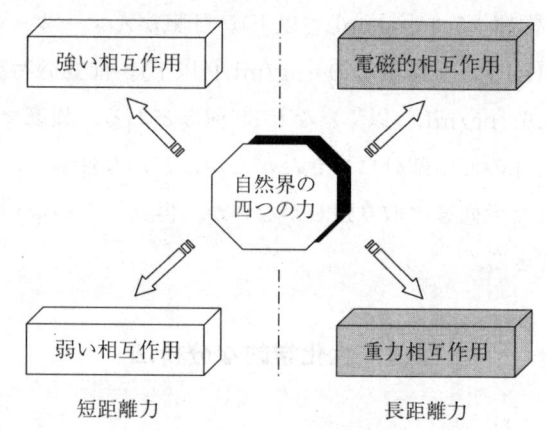

図 3.7 核力から気体・液体・固体の性質,毛細管現象,潮の満ち引きや天体の運動まで,自然界を司る四つの力

さて,化学分析とは,複数の化学物質が混合した被測定試料から,特定の成分だけを取り出すことである。非測定物質である化学物質としては,原子も含むがほとんどの場合は分子,しかもタンパク質などの高分子であることが多い。さて,分子程度の大きさの被測定物のみを選択的に抽出する場合には,この四つの力のうちいずれの力が作用しているのであろうか。

3.4 生化学的な分析法

　化学分析は，通常市販の装置を用いることからブラックボックス的に扱われることが多いが，私たちはつねにその原理についても考えをめぐらせておくことが大切である。まずいえることは，すべての分子間での相互作用は，電磁的相互作用に起因していることである。しかし，このままでは抽象的すぎてわかりにくいので，分子間力（intermolecular force）という視点から電磁的相互作用を整理・分類してみると，おもに五つのカテゴリーに分けられる。

1) **強い分子間力**　強い分子間力は**共有結合力**と**クーロン力**（静電力，Coulomb's force）のことである。スピンの向きの異なる2個の電子（対）が，分子内の二つの原子に共有されることによって生じるのが**共有結合**（covalent bond）であり，二つの電荷を帯びた物質の間には，距離の二乗に反比例し，二つの電荷の積に比例した大きさの力が働くという**クーロンの法則**（Coulomb's law）に基づく力がクーロン力である。

2) **双極子相互作用**　ほとんどの分子は電気的に中性であるが，その多くは**電気双極子**[†]（electric dipole）を持っており，極性分子と呼ばれる。**双極子相互作用**（dipole-dipole interaction）は，イオンと双極子や，双極子同士の間に作用する力である。

> ［用語解説］
> 　† 電気双極子とは，電荷 $+q$ と $-q$ が一定距離だけ離れて存在する一対の電荷のことであり，単に双極子ともいう。単独に存在しうる磁荷は発見されていないが，磁荷 $+Q$ と $-Q$ が一定距離だけ離れて存在すると仮定するときは**磁気双極子**という。このように，自然界には，双極子と見なせる対となる現象が多い。電気双極子の大きさを表すベクトル量を，**双極子モーメント**（dipole moment）といい，分子中に誘起される双極子モーメントによる力を**分極力**（polarization force）という。

3) **分極相互作用**　**分極相互作用**（polarization interaction）は，**分極**（polarization）が関与する力である。荷電粒子が原子や分子に近づくと，荷電粒子からのクーロン力によって原子や分子の内部状態が変化して双極子モーメントが誘起されるが，この変形部分を分極という。

4) **ファン・デル・ワールス力**　ファン・デル・ワールス力（van der Waals force）は，二つの中性の安定な分子間に働く分子間力のことである。重力のようにすべての分子間に働き，付着や**表面張力**（surface tension），**物理吸着**（physisorption）などの現象で大きな役割を果たしている。**分散力**（dispersion force）などともいわれる。

5) **水の特殊な相互作用**　水は，その中に存在する分子間に特殊な相互作用を引き起こす。それは，水素分子の結合エネルギーなどに代表される**交換相互作用**（exchange interaction）や，水中の無極性分子間に発生する**疎水性相互作用**（hydrophobic effect）という強い引力である。

生命現象を化学的な考え方や手段によって解明しようとする**生化学**（biochemistry）に限らず，広く化学分析において，分子の検出にはこれらの電磁的相互作用に基づいたクーロン力，**化学親和性**（chemical affinity），および**免疫定量**（immunoassay）などが用いられてきた。

化学親和力は，化学反応を起こす原因となる力のことであり，熱力学的に定義されている。化学反応の見方には平衡論と速度論があり，化学親和力がゼロになったとき，化学平衡に達するとしている。すなわち，測定試料と特異的に結合する物質を利用して，被測定物のみを選択的に抽出する方法である。

免疫定量は，物理的観点から捉えると抗原と抗体の間に働く化学親和力を用いているので，原理的には化学親和力に含まれる。ただ，抗原とそれに対して生体内で作られた抗体との間で起こる結合反応は抗原抗体反応と呼ばれ，化学結合のなかでもその特異性が特に強いことから広く利用されるようになったので，ここでは化学親和力とは分けて特記した。天然の抗原は，タンパク質，糖質，脂質，核酸，およびこれらの化合物など幅広い。

3.4.2　分析法の種類

一般に，生化学物質の計測に用いられている分離・分析法を**図 3.8** にまとめて示す。**分離**（separation）とは，機械的，物理的，化学的な原理に基づいて複数の化学物質が混合したサンプルをある基準に従って分けたり，特定の物質

3.4 生化学的な分析法

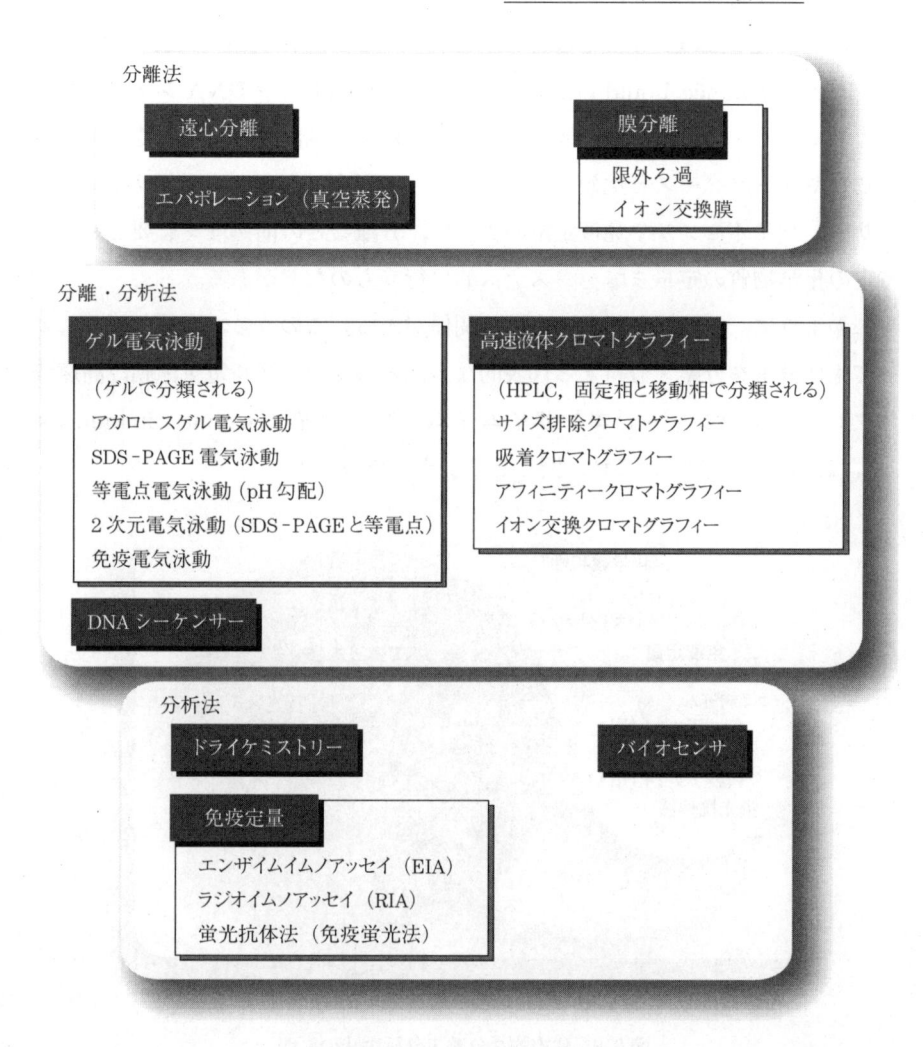

分離法
- 遠心分離
- エバポレーション（真空蒸発）
- 膜分離
  - 限外ろ過
  - イオン交換膜

分離・分析法
- ゲル電気泳動
  - （ゲルで分類される）
  - アガロースゲル電気泳動
  - SDS-PAGE 電気泳動
  - 等電点電気泳動（pH 勾配）
  - 2次元電気泳動（SDS-PAGE と等電点）
  - 免疫電気泳動
- 高速液体クロマトグラフィー
  - （HPLC，固定相と移動相で分類される）
  - サイズ排除クロマトグラフィー
  - 吸着クロマトグラフィー
  - アフィニティークロマトグラフィー
  - イオン交換クロマトグラフィー
- DNA シーケンサー

分析法
- ドライケミストリー
- 免疫定量
  - エンザイムイムノアッセイ（EIA）
  - ラジオイムノアッセイ（RIA）
  - 蛍光抗体法（免疫蛍光法）
- バイオセンサ

図 3.8 生化学物質の計測に用いられる分離・分析法

のみを取り出したりすることであり，**分析**（analysis）とはさらに一歩進んで元素や化合物などの種類や量を知ること，すなわち"同定"であると考えるとよい。

遠心分離（centrifugal separation），**膜分離**（membrane separation）や**エバポレーション**（真空蒸発，vacuum evaporation）のように単に分離するも

のや，**ゲル電気泳動**（gel electrophoresis），**高速液体クロマトグラフィー**（high-performance liquid chromatography，**HPLC**）や **DNA シーケンサー**のように，それ自体の分離機能または前処理により抽出された生成物をマーカー物質やデータベースと比較することによって同定できるもの，ドライケミストリー，バイオセンサや免疫定量のように，分離などの前処理を必要とせずに特定の化学物質の定量までをシステム的に行うものなどがある。

このように，分離と分析には密接な関係がある。このうち，上述の原理によって生体分子を分離・分析する代表的な方法としては，ゲル電気泳動，高速液体クロマトグラフィー，**エンザイムイムノアッセイ**（enzyme immunoassay，**EIA**）などが挙げられ，**図3.9**のように整理できる。

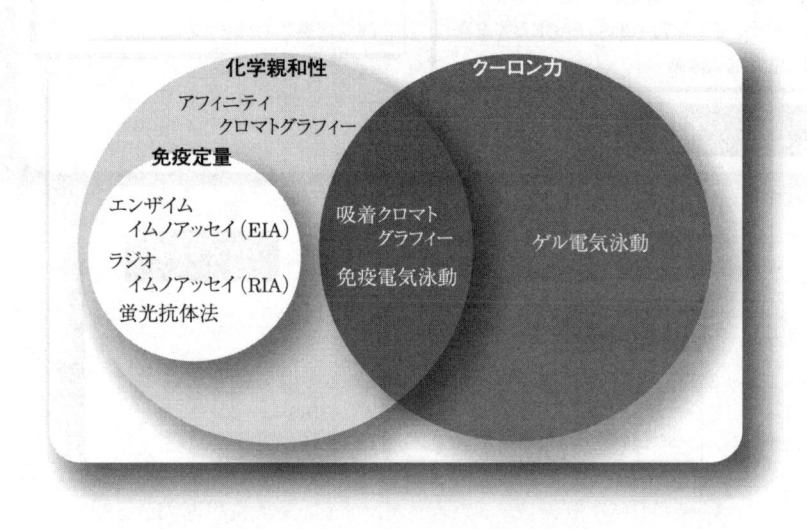

図3.9 代表的な分離・分析手法の原理

1）**ゲル電気泳動**　イオンなどの電荷を持つ粒子を含む溶液に電界を印加すると，クーロン力によって粒子が電荷とは反対符号の電極に移動する。これを電気泳動といい，粒子の大きさ，形状，電荷量，支持体との相互作用で粒子の移動速度に違いが生じ，混合粒子系を分離して分析することが可能となる。被測定物質の支持体としては，**ゲル**（gel）を用いる。

2) **HPLC**　クロマトグラフィー（chromatography）とは，試料成分が気体，液体，固体など異なる相（状態）においてその分布に差異を生じることを利用して，多成分が混合された試料から各成分を分離分析する方法のことである。液体クロマトグラフィーでは，**固定相**（stationary phase）にはステンレス管内に充塡剤（通常固体まれに液体）を詰めたカラムを，**移動相**（mobile phase）には液体を用い，液性の溶媒に可溶なタンパク質，糖質，核酸などの物質を分離分析するのに用いられる。

固定相と移動相に用いられる物質の違いでいくつかの種類に分類され，なかでも**アフィニティー・クロマトグラフィー**（(bio) affinity chromatography）は，吸着クロマトグラフィーの一つで，分子の検出における最大の進歩といわれている。アフィニティーとは親和性のことで，化学的物質が特定の物質に対して選択的に結合しようとする性質を利用して，移動相と固定相の間で分離させる。高圧ポンプを用いることによって迅速な分析が可能な高速液体クロマトグラフィーが主流である。高い精製効率と回収率を持ち，かつ一度に大量の試料を処理することができる。タンパク質などの生理活性物質の精製方法として，実験室レベルで広く使用されている。

3) **EIA**　抗原抗体反応の特異性を利用して，抗体や抗原を検出・定量する方法の一つで，酵素標識した抗原（または抗体）を利用し，抗体に結合した標識抗原の量を酵素反応で測定する。標識抗原と非標識抗原を競合的に抗体と反応させる競合法とそうでない非競合法があり，非競合法の中では特に酵素標識（固相）免疫測定法（enzyme-linked immunosorbent assay，**ELISA**）が多用されている。

3.5　計　測　技　術

生化学物質の分離・分析に用いられている化学分析法について，具体例を挙げて図を交えながら説明する。

3.5.1 ドライケミストリー

リトマス試験紙，pH 試験紙に代表されるように，ろ紙（セルロース）などを支持体（担体）として，それに化学物質と特異的に反応して発色する試薬（指示薬）を染み込ませてから乾燥させた**試験紙**（test paper）を製造する技術を**ドライケミストリー**（dry chemistry）という。通常は，検査する尿，唾液，血液などに直接浸し，発色した濃度からそれに含まれる化学物質濃度を定性的・半定量的に分析する。指示薬は，酸塩基指示薬を指すことが多いが，金属，蛍光，吸着指示薬なども使われる。

ドライケミストリーは，随時性，即時性，簡便性，保存性，コスト面などから考えても簡易分析法の理想的な方法の一つである。この簡易分析法とは，医療目的で行われる熟練を必要しない検査方法のことで，小規模な病院や緊急性の高い場合などに用いられている。

SARS（重症急性呼吸器症候群，severe acute respiratory syndrome）や鳥インフルエンザなどの新しい感染症の流行などに伴い，大病院においても緊急

表 3.4 市販されている尿試験紙の比較

メーカー	ウロビリノーゲン	ビリルビン	ケトン体	ブドウ糖	タンパク質	亜硝酸塩	アスコルビン酸	白血球	pH	比重	潜血	ブドウ糖の判定方法
A	○	○	○	○	○	○	○	○	○	○	○	30 秒 5 段階 陰性～2 000 [mg/dL]
B	○	○	○	○	○	○		○	○		○	30 秒 6 段階 陰性～1 000 [mg/dL]
C	○	○	○	○	○	○		○	○		○	60 秒 5 段階 陰性～1 000 [mg/dL]
D	○	○		○	○			○			○	30 秒 5 段階 陰性～2 000 [mg/dL]
E	○	○	○	○	○			○	○		○	30 秒 6 段階 陰性～2 000 [mg/dL]

外観　　　　　　　　　　　　　　　　　　　　　　　　ベースシート

性の高い検査が求められるようになっており,特に「患者のそば(bedside)で行う迅速な臨床検査」をPOCT(point of care testing, = bedside testing)と呼ぶようになった。今後,ドライケミストリーはPOCTにおけるスクリーニング検査として多用されることが予想される。

以前から広く普及しているドライケミストリーとして,グルコースオキシダーゼ(glucose oxidase, EC 1.1.3.4, GOD)と**色原体**(クロモゲン,chromogen)を含浸させたブドウ糖試験紙は,血糖や尿糖の臨床検査に用いられてきた。**表**3.4には,日本の医薬品メーカーから市販されている尿試験紙の特徴をまとめて示す。このほか,血液によるコレステロール,伝染病検査,唾液による喫煙検査,尿による妊娠検査なども行われ始め,ドライケミストリーも最先端テクノロジーを取り込んでオールド・バイオからニュー・バイオへと変貌を遂げようとしている。新しいドライケミストリーの非侵襲計測への展開については,5.2.3項,5.3.3項でも説明する。

3.5.2 バイオセンサ

分子認識素子と検出器(センサ,もしくはトランスデューサ)を組み合わせた素子(デバイス)を総称して**バイオセンサ**(biosensor)という。分子認識素子としては,酵素,抗原・抗体,DNAなどの生体分子が挙げられ,検出器としては電極が圧倒的に多い。

酵素は,生体が作り出した**触媒**(catalyst)であり,人工の触媒をはるかに凌ぐ化学反応の促進能力を持っているが,その本体はタンパク質であるため宿命として壊れやすいという欠点もある。酵素は元々生物が生きていくうえで作り出してきたものなので,生体内の条件に近いほどタンパク質の立体構造は安定である。例えば,中性に近いpH,体温に近い温度,水の中など,ある程度限定されている。グルコース濃度を測定するグルコースセンサが工業的に幅広く利用されているのも,グルコースオキシダーゼがpHや熱の変化に対して比較的安定な酵素だからである。

酵素センサは,**電気化学センサ**(electrochemical sensor)の先駆けとして

クラーク（L. C. Clark）により1962年に創案され，その後数多くの酵素センサが考案された。現在では，電極構造には2電極式や3電極式があり，電極表面で消費される物質（検知物質）によって酸素電極式，**過酸化水素電極**式などの種類がある。また，その原理は電気化学計測に基礎をおいており，下記のような相違がある。

1) ボルタンメトリー　被測定溶液（基質，substrate）の化学反応により生じる電位，電流，電気量などで調べる電気化学測定法の総称。
2) アンペロメトリー　ボルタンメトリーにおいて，電極間の電流の変化を測定する方法。
3) ポテンシオメトリー　ボルタンメトリーにおいて，電極間の電位の変化を測定する方法。

一般には，**作用極**（working electrode），**対極**（counter electrode, auxiliary electrode），**参照極**（reference electrode）の3電極を用意し，基質の化学反応により作用電極に流れる電流を測定するアンペロメトリーが主流である。測定系は，被測定溶液の取扱い方からフロー式とバッチ式に大別され，電極の酸化や汚れを防ぐにはフロー式のようにつねにバッファ溶液を流しておくことが望ましいが，その一方で装置が大型化する。バッチ式は，測定するときにのみ被測定溶液を電極に接触させるため，小型化には適しているが，センサを繰返し使用するにはその洗浄に一工夫が必要である。

図3.10には，フローセル（flow cell, $22\times22\times10$ [mm]）に設置された過酸化水素電極式**グルコースセンサ**の構造を示す。

本グルコースセンサは，白金（Pt）製の作用電極，ステンレス製の対極，および銀–塩化銀（Ag–AgCl）製の参照電極を有し，作用電極上に酵素膜を固定した過酸化水素電極式のアンペロメトリー酵素センサの一種である。注入された$50\,[\mu\mathrm{L}]$の被測定溶液に接すると，酵素膜では**図3.11**に示す反応が行われる。

$$\underset{(\text{グルコース})}{C_6H_{12}O_6}+O_2\xrightarrow{\text{GOD}}\underset{(\text{グルコノラクトン})}{C_6H_{10}O_6}+H_2O_2 \qquad (3.1)$$

図 3.10 フローセルに設置された過酸化水素電極式酵素センサ

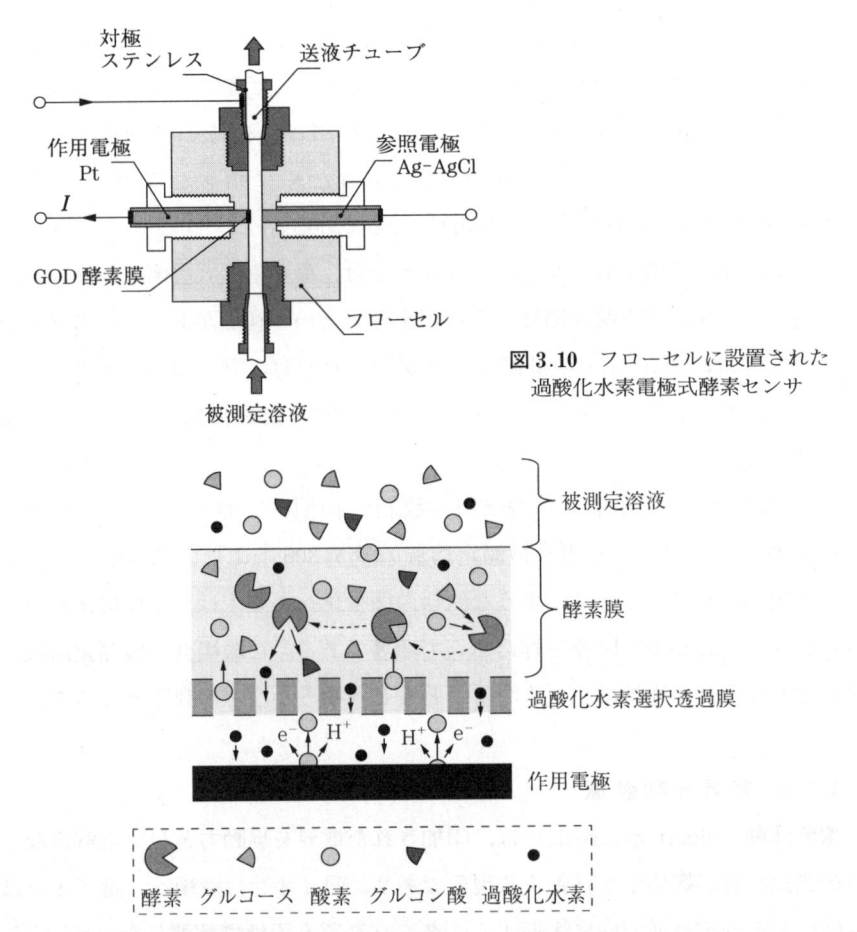

図 3.11 過酸化水素電極式酵素センサの酵素膜での反応

生成された過酸化水素は，選択透過膜（アルブミンなど）を通り抜け作用電極表面上に達する。本過酸化水素電極において，グルコース濃度の測定原理にはアンペロメトリー式を用いており，ポテンショスタットで作用電極と参照電極の電位差を+0.6 [V] に設定すると，以下のような反応が行われる。

$$H_2O_2 \longrightarrow 2H^+ + 2e^- + O_2 \tag{3.2}$$

グルコースの酸化に伴い，グルコースセンサに到達する過酸化水素濃度が増加するとセンサの出力電流が増加する。すなわち，グルコースセンサからは被測

定溶液中のグルコース濃度に比例した電流が出力される。このように，電極表面で消費される検知物質が過酸化水素であるため，この酵素センサに用いられている電極は過酸化水素電極とも呼ばれる。検出される電流は，nA オーダーと非常に小さいので，検出感度を向上するためにポテンシオスタット (potentiostat) の入力抵抗を 50 [MΩ] としている。

この過酸化水素電極式グルコースセンサでは，酸素電極式酵素センサに比べて，バッファ中の溶存酸素濃度の影響が小さいという利点がある。このグルコースセンサは，50 [μL] の被測定溶液が得られれば，グルコース濃度 0.1〜10.0 [mg/dL] (5.5〜554.9 [μmol/L]) の範囲を**変動係数** RSD＝6％以下で測定可能である。

酵素センサの寸法は，電極が 1〜数百 [μm]，フローセルが 1〜数十 [mm] 程度にあり，取り扱う被測定溶液の量が 300 [nL] まで低減されたものも実用化されている。このような試料の微少化への要求は，必要検体が十分得られないことが多い医療分野において顕著である。この場合，被測定溶液の蒸発や検出電流が極端に小さくなることをどう補うかなどが課題となろう。

3.5.3 電気泳動装置

電気泳動 (electrophoresis) は，印加された電界を駆動力として電解質などの被測定物質が媒体中を移動する現象であり，陽イオンは陰極へ，陰イオンは陽極へとそれぞれ逆方向に泳動する。タンパク質も**両性電解質**[†] (amphoteric electrolyte) の一つなので，電気泳動で分析できる。

等電点電気泳動を例にとってその原理を説明すると，まず自らの等電点より低い pH 環境である陽極側にあるタンパク質はプラスに荷電して陰極に向かって泳動される。逆に，同じタンパク質がその等電点より高い pH 環境である陰極側にあると，マイナスに荷電して陽極に向かって泳動される。このように，両極間に分散していた同一のタンパク質は，正あるいは負の電荷を失いながら自らの等電点に向かって泳動されて，等電点に等しい pH の場所に集約されることとなる。そして，いかなるタンパク質も等電点では電気泳動速度がゼロと

[用語解説]
† アミノ酸やタンパク質のように，酸であると同時に塩基でもある両性電解質では，溶液のpHによって電荷状態が大きく変化し，特定のpHで分子内の正負の電荷が釣り合って全体としての電荷がゼロとなる。このpHを**等電点**（isoelectric point）といい，pIで示す。

タンパク質の基本構成単位はアミノ酸で，アミノ酸とは**アミノ基**（$-NH_2$）と**カルボキシル基**（$-COOH$）の両方を持つ分子の総称である。アミノ基は水素イオンと結合でき，カルボキシル基は水素イオンを放出できるので，アミノ酸は水素イオンの授受に関して両性であるということになる。さらに，生体内のアミノ酸では残りの置換基のうちの一つは必ず水素原子であり，これらのアミノ酸側鎖は電気的性質によって四つに分類される。
1) 中性条件で負に帯電した側鎖　　カルボキシル基など
2) 中性条件で正に帯電した側鎖　　アミノ基など
3) 中性条件で帯電していないが極性である側鎖　　ヒドロキシル基など
4) 無極性の側鎖　　アルキル基など

このように，アミノ酸やタンパク質はその化学構造によって電気的性質が異なっている。

なるので，それ以上は移動しない。

さらに，電磁気学的な側面から考察するために，被測定物質の電荷をq [C]，電場の強さをE [V/m] とすると，電荷が電界より受けるクーロン力F [N] は次式で表される。

$$F = qE \quad [\text{N}] \tag{3.3}$$

被測定物質を半径r [m] の球形と近似すると，一定速度v [m/s] で運動する球に働く粘性による制止力f [N] はストークスの法則（Stokes' law）により次式で求められる。

$$f = -6\pi\eta r v \quad [\text{N}] \tag{3.4}$$

ここに，η：被測定物質が分散する媒質の粘性率 [N・s/m²]。

$|F|=|f|$ において，移動速度vは一定となる。

$$v = \frac{qE}{6\pi\eta r} \ [\text{m/s}] \tag{3.5}$$

すなわち，移動速度は電荷の大きさと電界の強さに比例し，被測定物質の大きさと媒質の粘性に反比例することがわかる．

さて，電気泳動では被測定物質が電極間を自由に移動できることが必要であるが，自然界にはこれを邪魔する対流という現象がある．気体，液体のいずれにおいても，対流なしの条件を実現することは非常に困難なので，被測定物質を入れる器には，対流が発生しにくいろ紙，狭い隙間（キャピラリーやマイクロチップ）やゲルを用いる．現在はゲル電気泳動が主流であり，ゲルの種類によってアガロースゲル電気泳動，SDS-PAGE電気泳動，等電点電気泳動，2次元電気泳動，免疫電気泳動などに分けられる．

図3.12には，ゲル電気泳動装置の外観を示す．ゲルには，アガロース（agarose）やドデシル硫酸ナトリウム-ポリアクリルアミド（SDS-PAGE）を用いることができる．ゲルの網目構造の違いから，アガロースは核酸などの数十〜数百 [kbp] のDNAフラグメントを，SDS-PAGEは短鎖〜1 [kbp] のフラグメントを長さや分子構造の違いで分離するのに適している．

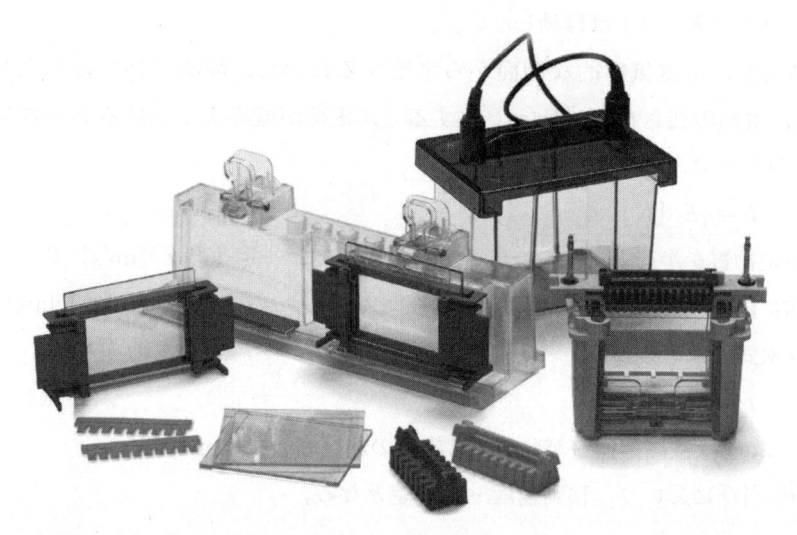

図3.12　ゲル電気泳動装置の外観（日本バイオ・ラッド ラボラトリーズ(株)）

3.5.4 HPLC

クロマトグラフィーは，移動相と固定相の種類と組合せによっても液体クロマトグラフィーとガスクロマトグラフィーに分類される。**図3.13**には，HPLCの基本構造を示す。送液部の性能はHPLCの分析精度を左右するので，**溶離液**（eluate）と呼ばれる移動相に用いる溶媒の流量を1［μL/min］～10［mL/min］の範囲でかつ±2［μL/min］程度の分解能で調節できる精密なポンプを用いる。試料注入部である**インジェクター**（injector）から，被測定溶液（検体）が注入され，溶離液の流れによってカラムに送られる。カラムは，ステンレス・カラムと充填剤で構成され，ここが固定相と呼ばれるHPLCの心臓部である。カラムには，粒子の直径がそろった粉が充填されており，被測定溶液がこの間を通過するときにその成分の一部が分離される。この原理については，3.4.2項を参照してほしい。検出部では，分光，蛍光，吸光特性など，被測定溶液に含まれる化学物質の光学的な特性を分析する。**図3.14**には，HPLCの外観を示す。

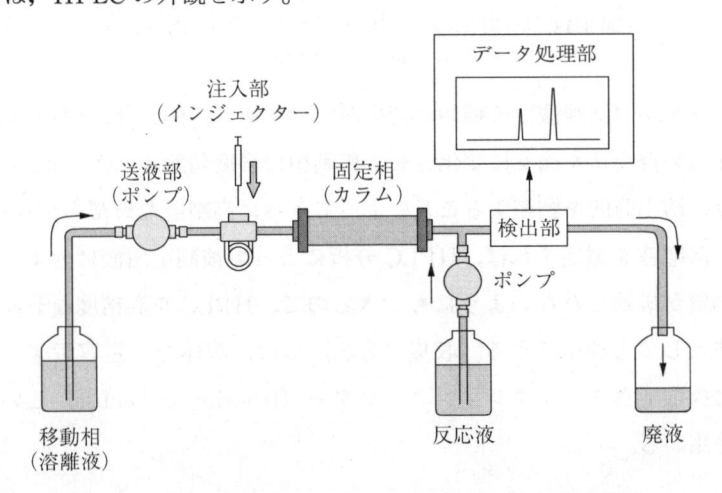

図3.13 高速液体クロマトグラフィー（HPLC）の基本構造

化学分析におけるHPLCの利点としては，下記の事項が挙げられる。

1) カラムの交換により，吸着，分配，イオン交換，順相，逆相，アフィニティー・クロマトグラフィーなど，さまざまな分離手法を選択できる。

図 3.14 高速液体クロマトグラフィー（HPLC）の外観
（(株)日立製作所，LaChrom Elite）

2) 移動相（溶離液）の種類の変更が容易である。例えば，2種類以上の溶離液の混合比を徐々に変化させて移動相に濃度勾配（グラジェント）を作り，溶出時間を調節することによってさらに高精度な分離も実現できる。
3) 溶離液を選定すれば，HPLC分析によって被測定用液に含まれる化学物質が破壊されないようにもできるので，HPLCを高精度な分離・精製法としても利用できる。収集（分画）には，液体を一定容量ずつ自動的に採取できるフラクションコレクター（fraction collector）という装置を用いる。

3.5.5 SPRを用いたタンパク質解析システム

EIAは，一般に反応が平衡に達した状態を解析するため，過渡状態の解析には向いていない。また，煩雑な洗浄操作や分析に数時間を要するといった問

題もある。センサとは，物理量や化学量などの情報を検出する検出器を表す専門用語であるが，実際には情報を検出すると同時により扱いやすい量，すなわち電気信号に変換し，定常状態だけでなく過渡状態の解析にも使用される。よって，抗原抗体反応を免疫センサに応用するためには，この化学量-電気量変換に工夫が必要である。

図3.15は，標識が不要で微量試料が得られれば短時間で分子間相互作用（molecular interaction）を解析できる**表面プラズモン共鳴**（surface plasmon resonance，SPR）の光学現象を応用したセンサの原理を示す。金などの薄膜を蒸着した三角プリズムに光を入射すると，金薄膜の外側の媒質にエバネッセント波が，金界面には表面プラズモンという表面波が生じ，この二つの表面波の波数が一致すると共鳴が起こり，反射光の特定の角度にエネルギー消失が起こる。すなわち，薄膜表面に被測定物質である抗体（もしくは抗原）などを固定しておけば，抗原抗体反応の進行による濃度変化を反射光強度の変化として高感度で検出できる。

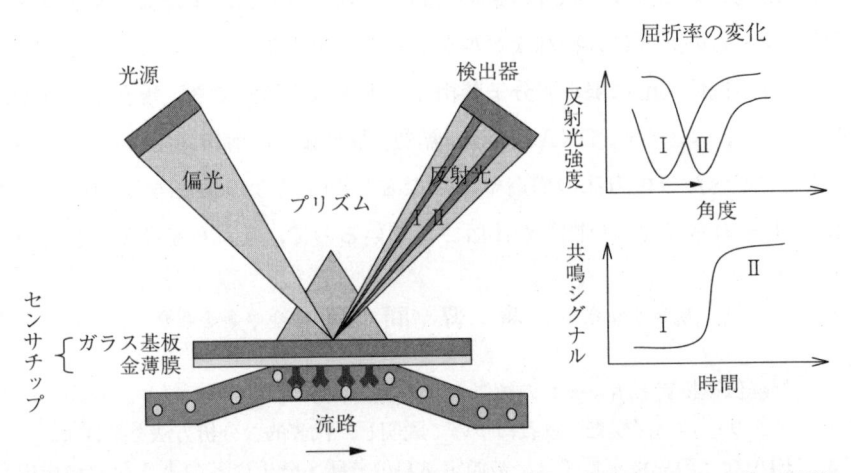

図3.15 表面プラズモン共鳴（SPR）を利用したセンサ（Biacoreシステム）の原理

ビアコア社（Biacore International AB）のSPRシステム（Biacoreシステム）では，**図3.16**のような金薄膜上にカルボキシル基を有するカセット式のセンサチップに測定したい抗体（もしくは抗原）を固定化し，それを三角プリズ

図 3.16 SPRシステムで用いるカセット式のセンサチップ（Biacore社）

ムに装着して使用する。測定結果は共鳴シグナル（resonance unit，RU）で表され，時間分解能 0.1［s］の動的解析が可能である。1 000［RU］は 0.1 度の角度変化に対応し，薄膜表面では約 1［ng/mm^2］の質量変化に対応する。温度依存性が高いので ±0.1［℃］の厳格な温度管理が行われ，またセンサチップと三角プリズムの界面には特殊なゲルを挟んで使用する。じつは，このSPRシステムは抗原抗体反応に限らず分子間相互作用を広く解析でき，現在では細胞，タンパク質，ペプチド，DNA，RNA，糖質，脂質などの解析に用いられている。

以上で述べた分析方法の構造や種類などに関するより詳細な事項については，それぞれ数多くの専門書が出版されているので，それらを参照されたい。

❖❖❖❖❖❖❖❖ 演 習 問 題 ❖❖❖❖❖❖❖❖

1. 神経伝達物質とホルモンの類似点，相違点は何か。
2. スクリーニング検査の意義について説明し，代表的な分析方法を挙げよ。
3. EIAなどの免疫定量では，被測定試料の分離・分析にどのような力が作用しているか説明せよ。
4. 電気泳動の原理を，クーロン力を表す式を使って述べよ。
5. 医療において利用される生化学物質の計測手法は，今後どのような目的，方法に向かっていくのか。

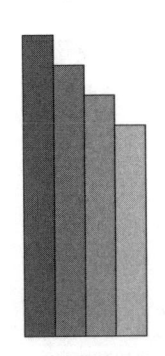

4

細胞・組織の計測

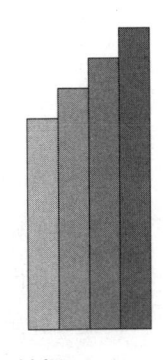

　細胞を計測する場合には，単離した細胞が対象となる。したがって対象は，ヒトを含めた多細胞生物では血球細胞や生殖細胞のようなもともと遊離している細胞か，組織培養細胞のように組織を人為的にばらばらにした細胞となる。また細菌や真菌のような単細胞生物もその対象となる。単細胞生物の場合には，細胞の計測がそのまま生物個体の計測となるが，多細胞生物の場合には，その計測データから生物全体の生命現象を推定することが必要となる。一つの細胞の計測データが個体のすべての機能を反映していないことは容易に想像がつく。この章では，それぞれの計測技術と，さらに一つの細胞から個体を再生することが可能な細胞といわれている ES 細胞について述べる。

4.1 細胞と組織

　細胞（cell）は，膜構造によって外部と隔離され，内部に遺伝子とその発現機構を有する生命体で，生物を構成する基本となる最小単位である。内部には同じく膜構造を有する各種の細胞内小器官が存在し，細胞の代謝と機能を維持している。**表 4.1** には，細胞の種類による細胞内小器官の相違をまとめて示す。
　それに対して組織とは狭義には細胞が分化し，同一の機能・形態を持つ集団

表 4.1 細胞の種類による細胞内小器官の相違

細胞内小器官	動物細胞	植物細胞	細菌
細胞壁	×	○	○
核	真核	真核	原核
ミトコンドリア	○	○	×
葉緑体	×	○	一部
液胞	小型，稀	大型	×

となった構造をいう。これまで，2章では遺伝子の計測を，3章では生体物質の計測と生命現象を物質レベルにおいて計測する方法を学んできた。これらの方法は，生体内物質を定量することが最終目的でなく，物質レベルの収支から生命現象を捉えることを目的としていることはいうまでもない。この章以降は，細胞・組織・生体を直接計測することにより，生命現象をダイナミックに計測する技術を述べる。

細胞を計測することは，細胞を一つのまとまりとして計測することと，細胞を構成要素に分解して計測することに大別される。計測項目は細胞を一つのまとまりとして扱う場合には，細胞の分類・選別，運動，分裂・増大速度，内部形態・物質の局在の変化，細胞周期の変動や細胞表面抗原の種類と量などが考えられる。構成要素に分解して扱う場合には，糖・タンパク質といった細胞内分子の種類や量の変化，**遺伝子**（gene）の発現などが考えられる。構成要素の計測方法については，これまでの章で述べてきたので，この章では細胞を一つのまとまりとして計測する方法について述べる。

4.1.1 細胞で解明できる機能

遺伝子によって制御されてきた生命現象は，生体物質のレベルの変化を通して，細胞によって発現されるわけであるから，細胞を用いた計測が重要であることはいうまでもない。細胞の計測が使われる細胞機能には以下のようなものがある。

1) **細胞増殖**　細胞増殖（cell proliferation）とは細胞分裂に関する項目の測定である。細胞集団の増殖速度，倍加時間のほかにDNAへの物質の取込みなども増殖機能の指標となる。

2) **細胞分化**　細胞分化（cell differentiation）とは未分化細胞の特定機能を持つ細胞への分化の測定である。増殖速度の減少，形態の変化，分化機能のマーカーとなるタンパク質の産生や受容体の出現が指標となる。

3) **細胞間作用**　細胞間作用（intercellular reaction）とは異なる細胞どうしの相互作用の測定である。促進的に働く場合と，抑制的に働く場合

がある。細胞間作用により，細胞増殖・細胞分化機能が変化する。

4） **細胞間結合**　　**細胞間結合**（cell junction）とは異なる細胞どうしの相互作用の測定である。細胞間作用は細胞の外に分泌される物質を介する相互作用であるが，細胞間結合は細胞どうしの接触による。

　これらの解析には，細胞の計測は有効であるがどの細胞を計測の対象にするかが問題となる。ヒトの細胞を対象とした場合，その細胞が正常な細胞機能を有する必要が要求される実験には，ヒトの**正常二倍体細胞**[†]（normal diploid cell）がよく用いられる。

［用　語　解　説］

[†]　正常組織から摘出した細胞で，ゲノムを一対保持し，各染色体の数・形・構造に異常がなく，継代を重ねても増殖速度や腫瘍性に異常を示さないものをいう。正常二倍体細胞は分裂回数に制限があり，一定の寿命を持つ。

　マウス由来の細胞の場合，摘出直後の培養細胞では二倍体性は維持されているものの，継代により容易に染色体数が変化し，ヌードマウス（遺伝的に胸腺を欠損したマウスで，異種の動物の臓器を移植しても拒絶反応が起きない）にその細胞を移植すると腫瘍を形成する。また，この細胞は正常二倍体細胞と異なり，寿命を持たずに何代でも継代が可能となる。

　ヒト由来の正常二倍体細胞では，白人女子胎児の肺から樹立された WI-38 細胞が最もよく知られ，ヒト正常二倍体細胞の基準株として用いられる。形状は線維芽細胞で，寿命は継代数 55±10 代であり，ヒトに移植した場合に腫瘍を形成しない。WI-38 という名前は，ウイスター研究所の 38 番目の株という意味である。老化機構の研究，ウイルスの分離，がんの研究に幅広く用いられている。ヒトの胎児肺由来の正常二倍体細胞は，現在まで種々の研究機関で多数樹立されている。代表的な細胞として，IMR-90（女），MRC-5（男），TIG-1（女）などがある。

　正常二倍体細胞の実験系としては**組織培養細胞**（tissue cultured cell）として用いることが最も簡単である。しかし，着目する遺伝子が対象となる細胞で発現しているかどうかは簡単にわからないことが多い。したがって，この点は十分に注意が必要である。この問題は，なにも単細胞生物である細菌や真菌では関係ないかというとそうではない。遺伝子の発現には「場所」（多細胞生物

の場合には，どの細胞で発現するか）の問題と，「時間」（どのような刺激で発現するか）の問題がある。

　例えば，黄色ブドウ球菌の**抗生物質**（antibiotics）に対する耐性を計測しようとした場合，耐性遺伝子をDNAに持つすべての黄色ブドウ球菌が，耐性を持たない菌と比較して高濃度の抗生物質の中で増殖するわけではない。

4.1.2　細胞計測の分類

　細胞はいろいろな機能を持っており，計測の目的により計測対象となる機能とその測定方法が異なる。

〔1〕　**細胞の分類・選別**　　細胞の計測においては，細胞を一つ一つに分離し，同じ機能の細胞を集めることが最初の作業となる。血液や骨髄，がんや炎症性の腹水の場合には細胞は分離状態で採種されるが，生体組織を出発材料とした場合には，組織から細胞を分離する必要がある。組織から細胞を分離するためには，カルシウムなどの2価イオンのキレート剤を用いて細胞間結合を切る方法や，トリプシン・コラゲナーゼなどのタンパク分解酵素を用いて基底膜を構成するタンパク質を分解する方法などがある。分離した細胞の中から，細胞の大きさや比重，特定の表面抗原の有無によって分類し，その数や構成比を測定する。

　また，分類・選別した細胞を他の方法で計測する場合もある。この目的では，密度勾配遠心分離法が最も一般的に用いられる。密度勾配遠心分離法は，混合液から細胞を比重の違いによって媒体の密度勾配を利用して分ける方法で，沈降速度法と等密度遠心法に大別される。細胞の分離では，沈降速度法の一種の**ゾーン遠心分離法**（zonal centrifugtion）が利用される。これはグリセロールやショ糖などを使って，分離したい細胞の**沈降係数**に対応したゾーンを形成し，遠心によってそのゾーンに目的の細胞を集める方法である。密度勾配遠心分離法以外では，フローサイトメトリー法，磁気細胞分別法，パニング法などがある。フローサイトメトリー法については4.2.1項でその実際について説明する。

〔2〕 **細胞の運動** 細胞の計測では細胞を一つのまとまりとして計測対象としているが，これは非破壊という意味であって，非侵襲という意味ではない。細胞の運動を計測するには，「生きているままで計測する」という制約がつく。細胞は通常無色であることから，生きている細胞を観察するには工夫が必要となる。

この観察には**超生体染色**（supravital staining）を行った細胞を通常の光学顕微鏡で観察する方法と，**位相差顕微鏡**（phase contrast microscope）・**微分干渉顕微鏡**（differential interference microscope）を用いて観察する方法がある。超生体染色ではニュートラルレッドやヤヌスグリーンといった染色剤を細胞にかけると，生きている細胞がそれを取り込むことによって染色される。これは細胞内に色素液を注入して染色する生体染色とは異なる。位相差顕微鏡と微分干渉顕微鏡では，光学的操作により細胞を立体視することで，染色しない状態での細胞の観察を可能にしている。染色剤を使わないという点で，超生体染色より細胞に対する侵襲は少ない。

いずれの方法においても顕微鏡観察には光源が必要になる。一般的に細胞は負の走光性を持つことが知られているので，顕微鏡下における細胞の運動の計測には注意が必要である。

〔3〕 **細胞の分裂・増大** 細胞の分裂・増大の計測法は，細胞数を直接計測する方法と細胞の代謝を測定しそこから間接的に計測する方法に大別される。直接計測法は血球計算法として細胞計数分析装置などの自動化機器が臨床検査で利用されている。間接的に計測する法としては，培養細胞ではDNAへの核酸の取込みを放射性同位体を用いて測る方法などがある。これは細胞分裂に伴うDNAやタンパク質の増加を計測し，細胞数の直接計測より感度が高いという利点がある。細菌や真菌を対象とした場合に重要な方法であるので，4.3節で詳細を述べる。

〔4〕 **内部形態・物質の局在の変化** 細胞内部の形態・物質の局在の変化は，**免疫組織化学**（immunohistochemistry）の方法を用いて光学顕微鏡と**透過型電子顕微鏡**（transmission electron microscope, TEM）で観察する。免

疫組織化学は特定の物質に対する抗体を作成し，それを用いて固定した細胞や組織の切片を染色し，その物質の局在を観察する方法である．電子顕微鏡については4.2.2項で，免疫組織化学については4.2.3項でその実際について説明する．実際には単離した細胞でなく組織標本を対象として行われることのほうが多い．

　組織は固定し，パラフィン切片または凍結切片として顕微鏡標本を作成する．細胞が対象の場合には，切片は作らずに固定後，サポニンなどを用いて細胞膜に抗体などが通過しやすい穴をあける．免疫組織化学は特定の物質に対する**抗体**（antibody）を作成し，それを用いてその物質の局在を観察する方法で，**蛍光抗体法**（immunofluorescence technique），**酵素抗体法**（immunoenzymatic technique），フェリチン抗体法などがある．顕微鏡標本上の物質と抗体が反応することにより，その局在が可視化される．抗体の認識する部位が顕微鏡標本上に露出していて初めて，抗原抗体反応が起こることから，抗原となる物質の立体構造の変化と抗体の非特異的吸着反応に注意をしなければならない．

　〔5〕　**細胞表面抗原の種類と量**　　細胞表面抗原（surface antigen）は脂質二重膜である細胞膜の表面に飛び出している抗原の総称で，細胞間作用・細胞間結合に重要な働きをしている．特に**表面マーカー**（surface marker）といわれている細胞表面抗原は，リンパ球の分類，がん細胞の同定，臓器における分化の指標として幅広く活用されている．

　細胞表面抗原の種類や量を特定することは，細胞機能と分化の解析にとって重要な測定である．この計測には細胞の分類・選別と同様に，フローサイトメトリー法が最も一般的に用いられる．フローサイトメトリー法については4.2.1項でその実際について説明する．

4.1.3　ES 細 胞

　ES 細胞（胚性幹細胞，embryonic stem cell）は「胚（embryo）の**幹細胞**（stem cell）」の意味である．まず，幹細胞と胚についてそれぞれ説明する．

4.1 細胞と組織

　ヒトの体内では脳・神経系細胞の一部を除いて，つねに細胞の新旧交代が行われている。それぞれの組織の新しい細胞を生み出すもととなる細胞を幹細胞と呼ぶ。幹細胞は未分化な状態の細胞で，分裂した娘細胞の一部は分化して新しい組織細胞となり，残りは幹細胞として分裂を続ける。幹細胞はその組織を構成するすべての体細胞に分化する可能性を持っていることから，**多能性幹細胞**（multipotential stem cell），**全能性幹細胞**（totipotent stem cell）ともいう。

　最もよく知られている幹細胞は**造血幹細胞**（hematopoietic stem cell）で，骨髄に存在し赤血球・白血球・血小板などのすべての血液細胞に分化する能力を持っている。骨髄移植においてドナーから移植される細胞は，この造血幹細胞である。ほかにもすべての組織・臓器の幹細胞があると推定されているが，いまのところその実体は捕まえられていない。

　一方胚については，精子と卵子が**受精**（fertilization）を行うことで受精卵となる。受精卵は細胞分裂により，2細胞期，4細胞期，8細胞期と細胞数を増やしていく。これを**卵割**という。卵割の間は細胞質の合成はほとんど行われないので，受精卵の大きさはほとんど変化しない。約10回の卵割によって割腔を生じて**胞胚期**（blastula）へと移行する。図4.1には，その典型的な例としてウニの卵割の様子を示す。

　胚という名称は卵割後期の**桑実胚期**（morula）から使われ，ヒトでは受精後約2〜8週目くらいまでがこれに相当する。それ以降誕生までは**胎児**（fetus）という名称が使われる。胞胚期を過ぎると受精卵を構成する細胞は，**外胚葉**（ectoderm），**中胚葉**（mesoderm），**内胚葉**（endoderm, entoderm）に分化する。

　外胚葉は，表皮・爪・毛髪・皮膚腺などの表皮組織，神経系，感覚器，粘膜などに分化する。中胚葉は，筋肉系，結合組織，骨格系，循環器系，排出系，生殖系などに分化する。内肺葉は，消化管とその付属腺である肝臓・膵臓，胸腺・甲状腺などの咽頭派生体に分化する。この時期にはすでに胚を構成する細胞は分化を開始していることになる。

　ES細胞の最初の報告は，1981年に英国ケンブリッジ大学のマーチン・エバ

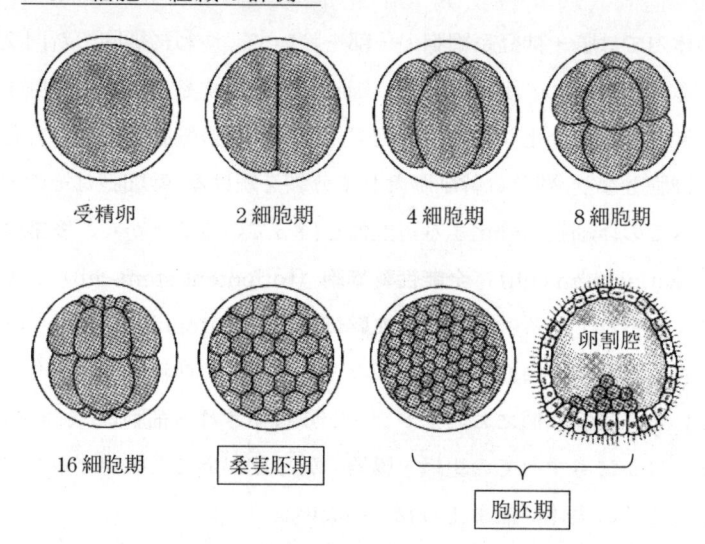

図4.1 ウニの受精卵の卵割（井田利憲：分子生物学講義中継 Part 1, 図1-7, 羊土社 (2002)）

ンス（M. J. Evans）とマシュー・カウフマン（M. H. Kaufman）によって「ネイチャー」という学術雑誌に掲載された。彼らは，マウスの受精卵を受精後4日で子宮から摘出し，その内部にある細胞塊から培養細胞株を作り出した。マウスの細胞だけでなく，一般的な動物由来の培養細胞は一定回数の分裂を行うと，それ以上は分裂ができなくなることが知られている。ヒトの細胞ではその回数は受精卵から数えて約50回である。

これは，DNAの末端部分の**テロメア**（telomea）といわれる繰返し配列が関係している。**図4.2**に示すように，体細胞においてテロメアは細胞分裂のたびに短くなり，一定数の分裂を行うとその後は分裂できなくなり，その細胞の寿命を規定している。それまでは培養細胞株で無限に増殖できるのは，培養途中において形質転換し正常二倍体性を失った細胞か，がん組織由来の細胞に限られると考えられていた。

ところが彼らがマウスの胚から分離培養した細胞は，正常二倍体細胞であり，さらに無限の増殖性を持っていた。したがって，胚由来の幹細胞という意味でES細胞という名称で初めて発表した。その後の研究で，この細胞から**キ**

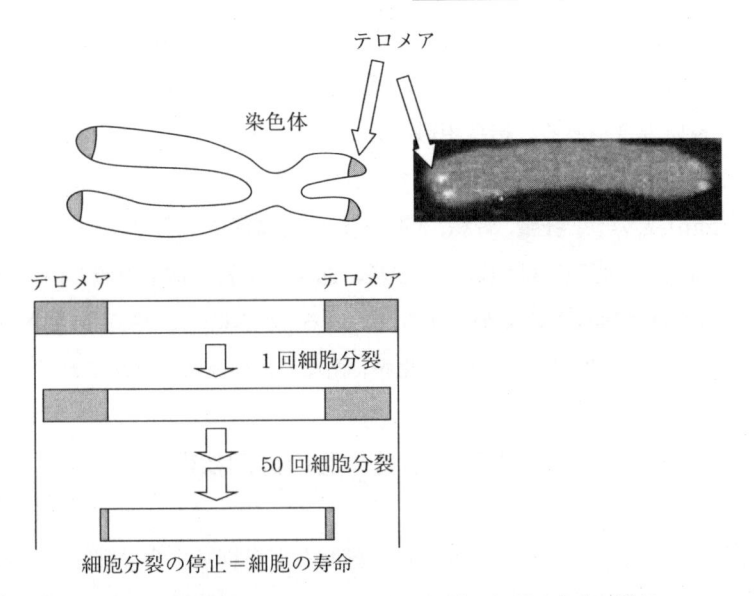

図 4.2 細胞分裂によるテロメアの短縮と細胞の寿命の関係

メラ (chimera)・マウス†を作る実験を通して，多能性幹細胞であることが証明された。

> [用語解説]
> † キメラとはギリシャ神話に登場する，頭がライオン，胴体が山羊，尾がヘビの怪物の名前である。マーチン・エバンスらの作り出した ES 細胞は黒色のマウスの受精卵から作られている。この ES 細胞を白色のマウスの受精卵（胚盤胞）に注入した後子宮に戻し，キメラ・マウスを誕生させた。さらにキメラ・マウスの雄と白色のマウスの雌を交配させ，生まれてくる子どもの体色から，生殖細胞がキメラであることを証明した。

4.1.4 組織の特性

ヒトの**組織** (tissue) は，上皮組織，結合組織，筋肉組織，神経組織に大別される。組織は細胞と**細胞間物質** (intercellular substance) から構成される。細胞間物質は細胞間基質・細胞間マトリックスともいい，物質としてはコンドロイチン硫酸やヒアルロン酸などのムコ多糖類を主成分とする**プロテオグリカ**

ン（proteoglycan）である．これらの細胞間物質は，組織を構成する細胞が自ら分泌することがほとんどであり，「細胞間」という名称であるが，量的には細胞より多い場合がある．結合組織の骨や軟骨などがその典型的な例である．

いくつかの組織が有機的に結合して，特定の働きを持つようになったものを**器官**（organ）という．肝臓，腎臓，心臓といった臓器や，眼，耳などがこれに当たる．肝臓では，肝実質細胞は上皮組織，血管や胆管は結合組織といった具合に，一つの器官は複数の組織から作られている．さらに，この特定の働きを持った器官の集まりを器官系という．消化系，循環系，神経系などがこれに当たる．

4.2 血球・培養細胞の計測技術

動物細胞に限定されるが，血球・培養細胞など多細胞生物の細胞が，細菌・真菌などの単細胞生物の細胞と決定的に違う点は，**細胞壁**（cell wall）を持たないことにある．細菌はグラム染色性の違いから**グラム陰性菌**（Gram-negative bacteria）と**グラム陽性菌**（Gram-positive bacteria）に分けられる．**表4.2**に示すように，グラム陽性菌とグラム陰性菌では細胞壁の構成成分は大きく異なっている．

表4.2 グラム陽性菌と陰性菌の細胞壁の構成成分の相違

細胞壁の構成成分	グラム陽性菌	グラム陰性菌
ペプチドグリカン	○	○
タイコ酸	○	×
リポタンパク	×	○
リポ多糖	×	○
リン脂質	×	○

細胞壁は，グラム陰性菌では**ペプチドグリカン**（peptidoglycan），グラム陽性菌ではペプチドグリカンの外側にリポタンパクやリポ多糖・リン脂質が付着し，真菌では**キチン**（chitin）質から構成されている．このことから血球・培養細胞は，細菌・真菌と比較して，乾燥・浸透圧変化・加熱・摩擦などの物理的力に弱い．したがって，計測を行うときには，この性質を十分理解した取扱

いをしなければならない。

また血球・培養細胞のために適した実験条件は，そのまま細菌・真菌の生存に非常に好適な環境となる。細菌・真菌の倍加時間（doubling time）は培養細胞と比べて非常に短いため†，計測を始めたら目的の培養細胞でなく，細菌を測っていたというようなことも起こりうる。この点についても留意しなければならない。ここでは，血球・培養細胞の計測技術の例として，フローサイトメトリー法，電子顕微鏡，免疫組織化学，血球計算法について説明する。

> [用語解説]
> † 倍加時間は，**世代時間**（generation time）ともいう。細菌・細胞を培養すると，見かけ上ほとんど増殖しない**遅滞期**（lag phase）があり，数が対数的に増える**対数増殖期**（logarithmic growth phase）を経て，培養容器の大きさや細菌・細胞の代謝物の増加よって増殖が止まる**定常期**（stationary phase）に入る。倍加時間はこの対数増殖期において数が2倍になる時間をいう。倍加時間は細菌の大腸菌で10〜20分，ヒト正常二倍体細胞で24〜48時間であるが，培養液組成によっても異なる。しかし，細菌は培養細胞に比べてその倍加時間は非常に短い。

4.2.1 フローサイトメトリー法による細胞表面抗原の計測

フローサイトメトリー法は，溶液中に浮遊させた細胞を非常に細いチューブを通し，細胞一つ一つに励起光を当てて，発せられる蛍光を測定する方法である。それまでは蛍光測定法というと一定の量の細胞を対象とし，細胞集団の性質を測定していたのに対し，フローサイトメトリー法では個々の細胞を対象としてその性質を測定できるようになった。

この技術は，細胞内の細胞表面抗原の発現量，DNA含量，細胞周期の解析などの解析に利用される。さらに後述する**セルソーター**（cell sorter）と組み合わせることにより，フローサイトメトリー法で測定した細胞を，その性質ごとに分離・回収することが可能となった。フローサイトメトリー法で試料となる細胞は，通常，蛍光抗体法などの方法で標識される。この方法については

4.2.2項で述べる。

フローサイトメトリー法の計測は，**フローサイトメーター**（flow cytometer）により自動解析される。フローサイトメーターは細胞を溶液中でできるだけ等間隔に運ぶためのフロー系と細胞に標識された物質の蛍光測定を行う光学系から構成される。**図4.3**には，フロー系の構成を示す。

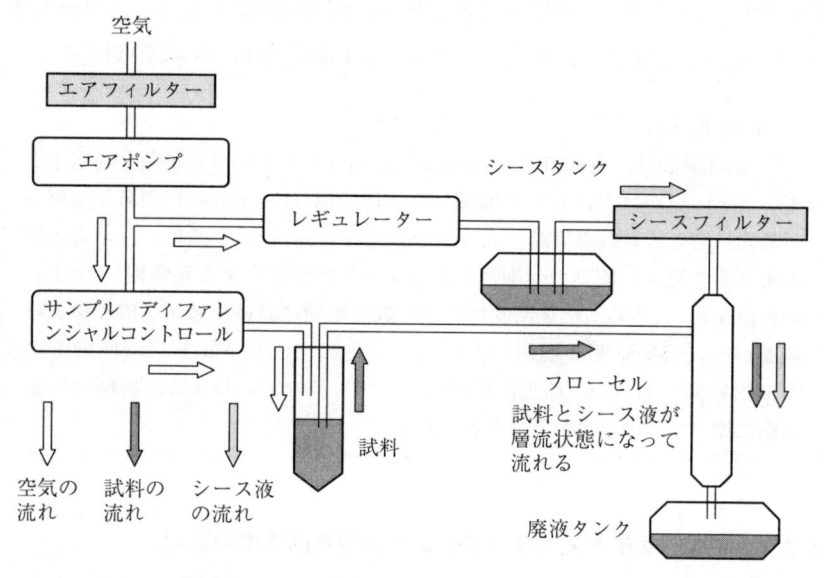

図4.3 フローサイトメーターのフロー系の構成

フロー系では試料となる標識された細胞浮遊液とシースタンクはエアーポンプにより加圧される。標識細胞はフローセルの50～100［μm］のノズルチップより噴出するジェット水流に乗せて流される。ジェット水流中の細胞にレーザービームを照射すると，**図4.4**に示すように，1～10°の低角度に散乱する**前方散乱光**（forward scatter，FSC）と，約90°の高角度に散乱する**側方散乱光**（side scatter，SSC）の2種類の散乱が測定できる。

前方散乱はおもに細胞の大きさ，側方散乱は細胞内微細構造を反映する。さらに標識した蛍光のパラメーターを個々の細胞について光学系で測定する。セルソーターでは，ノズルに超音波をかけることでジェット水流を水滴に変え

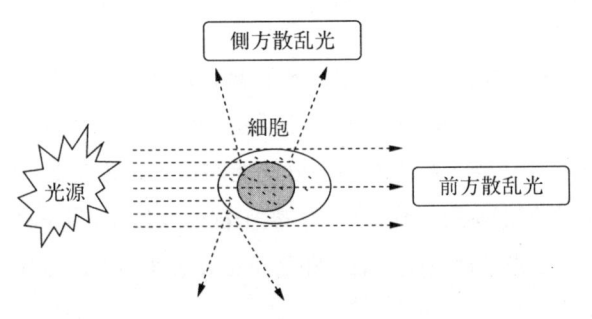

図4.4 細胞へのレーザービーム照射により発生する2種類の散乱光

る。水滴には 0.1 [cell/水滴] 以下の細胞を含むように調整する。回収する目的の細胞が光学系を通過すると，一定の遅延時間の後に水滴に荷電する。荷電された水滴は落下しながら対極側の電極に引き寄せられて回収試験管へと導かれる。実際には，**図4.5**に示す模式図のように，目的の細胞があると検出された水滴の上下3滴が回収される仕組みとなっている。目的以外の細胞は荷電されないため回収試験管の外へ導かれる。

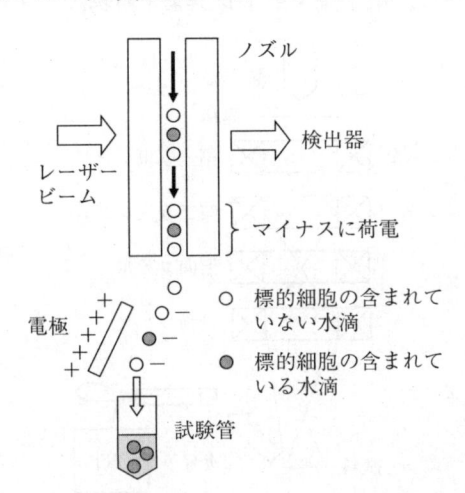

図4.5 ソーティングシステムにより細胞が回収される原理

4.2.2 電子顕微鏡による細胞構造の計測

電子顕微鏡は，1926年に光学レンズ系に対応する電子レンズ系の原理が提

案されてから発展し，現在の姿になってきている。二つの点を区別して識別できる最小の距離を分解能といい，光学顕微鏡における分解能は約 0.2［μm］である。分解能は試料の検出に使用する「波」の波長によって決まるため，光より波長の短い電子線ではより高い分解能が得られる。電子顕微鏡では約 0.15［nm］の分解能が得られている。電子線の波長を λ［nm］，媒質の屈折率を n，電子線と光学軸のなす最大開き角を α とすると，分解能 δ は次式で求められる。

$$\delta = \left(\frac{\lambda}{n}\sin\alpha\right) \times 0.8 \text{ [nm]} \tag{4.1}$$

電子顕微鏡には，電子線を試料に当てた場合に試料を透過してくる電子を使って，光学顕微鏡像に似た透過像を得る**透過型電子顕微鏡**（TEM）と，試料から放出される二次電子を使って，実体顕微鏡像に似た立体像を得る**走査型電子顕微鏡**（scanning electron microscope，SEM）がある。透過型電子顕微鏡と走査型電子顕微鏡の構造を**図4.6**に示す。

図（a）に示す透過型電子顕微鏡は，電子銃・電子レンズ・対物絞り・蛍光

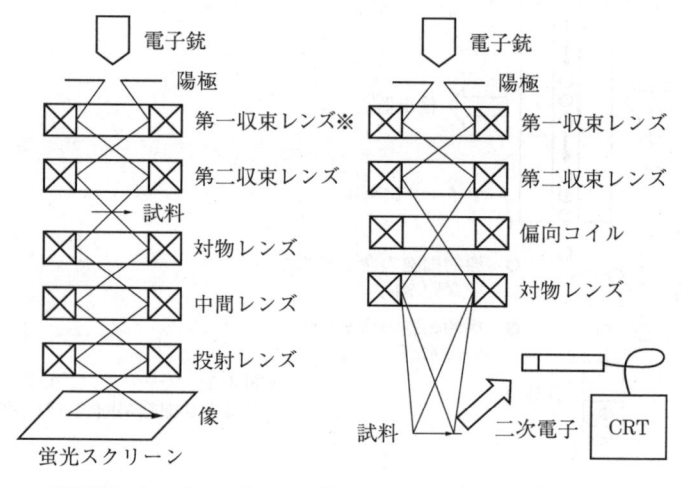

※実際にはコイルであるが，慣習的にレンズという名称を使う

（a） 透過型電子顕微鏡　　　（b） 走査型電子顕微鏡

図4.6 透過型電子顕微鏡と走査型電子顕微鏡の構造

スクリーンから構成されている。電子線は試料を透過する際に運動エネルギーを熱に変えるため、試料の熱損傷を防ぐために超薄切片を作成する必要がある。通常、200 [kV] 程度の加速電圧が利用され、分解能は約 0.2 [nm] 以下である。

図(b)に示す走査型電子顕微鏡は、試料から放出される二次電子を検出し、検出した信号を画像として表示する。二次電子は試料の部位によって放出効率が異なるため、画像はコントラストを持った立体像として現れる。試料が非導電性の場合、加速した電子線が照射されると電子が試料表面に蓄積された状態になり、画面では真っ白なハレーションを起こしたようになる。これを防ぐために顕微鏡観察の前に、試料の導電処理を行う必要がある。通常はイオンスパッタコーティングにより導電処理を行う。走査型電子顕微鏡では二次電子を検出することから、細胞の表面の状態を観察することが可能である。また透過型電子顕微鏡のように超薄切片を作る必要はない。ただし分解能は透過型電子顕微鏡より低く 5〜10 [nm] 程度である。

電子顕微鏡は細胞の内部構造や表面構造の解析に有効な計測装置である。しかし、電子線を試料となる細胞に照射することから、試料を高真空状態にしなければならない。また電子線照射により、電子線が試料に熱エネルギーを与え発熱が起きる。この発熱は加速電圧に比例して上昇する。極端にいい換えれば、「電子顕微鏡では、カラカラに乾燥した黒こげの細胞を見ている」ということになる。

このような条件においても意味のある観察像を得るために、細胞の内部構造を鋳型として観察するためにシャドウイングの後レプリカをとる**シャドウイング法**（shadowing technique），電子密度の違いで目的の物質を染色する**電子染色法**（electron staining technique），浮遊状態の細胞内器官を観察するための**ネガティブ染色法**（negative staining technique）と**ポジティブ染色法**（positive staining technique），走査型電子顕微鏡試料の乾燥による収縮を防ぐための臨界点乾燥法やt-ブチルアルコール凍結乾燥法などの各種の手法が用いられる。しかし、電子顕微鏡観察時の条件と細胞が乾燥と熱に弱いこと

は，つねに頭に入れておいて観察を行う必要がある。

　生物由来の材料は，血球・培養細胞に限らずそのすべてが水分を含んでいるといって良い。それは生命活動がすべて水を媒質として行われているからである。従来の電子顕微鏡に比較して水分を含んだ状態でも観察可能な**低真空走査型電子顕微鏡**（wet SEM）が開発されている。これは従来の電子顕微鏡が光学系すべてを高真空に保っているのに対し，試料室だけを低真空とすることで，水分を含む試料を観察可能となった。

　低真空走査型電子顕微鏡は，試料の固定・脱水・乾燥といった行程をかなり省き生に近い状態で観察できる以外に，導電処理もいらないという利点がある。これは電子線により試料表面の空気がイオン化され，試料表面に蓄積された電子を中和するため，ハレーションが起きないためである。しかし，低真空とはいえ乾燥が起きるため，長時間の観察はできない。また前処理を省いている分，一度乾燥による試料の変形が起きるとその程度は従来の走査型電子顕微鏡より著しいという欠点もある。

4.2.3　免疫組織化学による細胞構造の計測

　免疫組織化学は特定の物質に対する抗体を作成し，それを用いて固定した細胞や組織の切片を染色し，その物質の局在を観察する方法である。各種の手法があるが，すべては抗体の善し悪しによって決まるといっても過言ではない。

　通常，検出したい物質を**抗原**（antigen）として動物に投与しその血清から抗体を採取する。これを**ポリクローナル抗体**（polyclonal antibody）といい，各種の**抗原決定基**（epitope）に対応する抗体の混合物である。それに対して抗原を投与した動物の脾臓から抗体産生細胞を分離し，培養細胞と細胞融合してその細胞に抗体を作らせる方法がある。これを**モノクローナル抗体**（monoclonal antibody）といい，一種類の抗原決定基に対応している。モノクローナル抗体は，異なった抗原決定基を認識する2種類のモノクローナル抗体で，検出したい物質をサンドイッチする場合などに用いられる。ともに抗体の作製は動物に依存している。

免疫組織化学で用いる検出したい物質は生体材料であるから，類似の物質は抗体を作成する動物にも存在することになる。物質によっては異物としての認識が弱く，まったく抗体が産生されない場合もある。したがって，免疫動物の種類と系統，抗原を異物として認識させるような変性，抗原量・投与経路・日程などの免疫スケジュール，**アジュバント**（adjuvant）の選択は検出したい物質によって最適な方法を検討しなければならない。

アジュバントとは，抗原と同時に投与することによって免疫系を活性化させる物質の総称で，結核菌や百日咳菌の死菌体やリポポリサッカライドなどの多糖類が用いられる。また検出したい物質を認識する抗体が得られたとしても，その抗体が検出したい物質だけを特異的に認識するかどうかが重要な問題となる。免疫組織化学では抗体の付着した部位により，検出したい物質の局在を知るわけであるから，他の物質にも反応する場合には誤った結果を導く原因となる。

得られた抗体は**ウエスタンブロット法**[†]（western blot technique）により，目的の抗原以外のタンパク質を認識するかどうかを詳細に調べる必要がある。また特異性が確認できたとしても，使用する組織切片上にその抗原決定基がそのままの形で露出しているかどうかを確認しなければならない。露出していない場合には抗体を代える以外に，組織切片の固定化方法を代えたり，切片表面を酵素で処理し抗原決定基を露出させたりする方法をとる。

[用語解説]
† タンパク質を電気泳動によって分離した後，電気泳動したゲルの上にニトロセルロースなどのタンパク質を吸着するブロッティング膜を乗せ，垂直方向に電圧をかけてゲルからブロッティング膜に転写する。ブロッティング膜に抗体を反応，酵素抗体法で発色させ，抗体がどのタンパク質を認識しているかを確認する。DNAを対象とした方法を開発者の名称から**サザンブロット法**（southern blot technique），RNAを対象とした方法を**ノーザンブロット法**（northern blot technique）という。サザンブロット法以降は方位の洒落になっていて，名称と技術の内容は直接関係ない。

最近は，免疫組織化学などで用いる抗体を試薬メーカーから購入することがほとんどになっている。特異抗体を作製することが目的でなく，それを利用して免疫組織化学などの手法で新しい知見を得ることが目的であるから，研究の時間の無駄を省くうえからも有効なことと思う。しかし，メーカーは抗体の機能を100％保証しているわけでない。特に特異性に関しては使用する研究者が，自ら確認しなければならない。これは実験するうえで非常に重要なポイントである。

具体的な免疫組織化学の手法として蛍光抗体法，酵素抗体法，フェリチン抗体法などがある。蛍光抗体法はプレパラート中の検出したい物質を，蛍光標識した抗体と結合させ，蛍光顕微鏡で検出する方法である。蛍光標識には**フルオレセインイソチオシアネート**（fluoresceinisothiocyanate，FITC）がよく用いられるが，蛍光波長の異なる標識による二重染色法も行われる。表 4.3 には，抗体の標識におもに用いられる蛍光色素を示す。蛍光色素は抗体の標識以外に，DNA や RNA，酵素などいろいろな生体物質の標識に用いられるものが開発されている。

検出したい物質に対する抗体（一次抗体）に直接蛍光標識する方法のほかに，一次抗体を検出する抗体（二次抗体）に蛍光標識する間接法もある。この

表 4.3 抗体の標識に用いられるおもな蛍光色素

蛍光色素名	励起波長 [nm]	最大蛍光波長 [nm]
FITC	488	530
TRITC	543	580
PE/RD 1	488/543	575
Cy 3	543	570
Cy 5	633	670
Texas Red	595	615
AMCA	349	448
Cascade Blue	400	420
ECD	488	613
PC 5/PE-Cy 5	488	670
APC	633	660

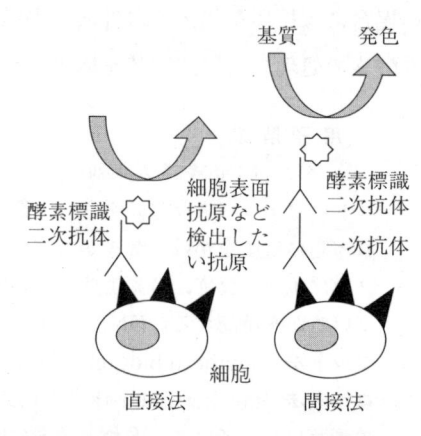

図 4.7 直接法と間接法の酵素抗体法の模式図

方法を使うと免疫動物ごとの標識二次抗体を準備すれば，いちいち一次抗体に標識をする手間が省けるという利点がある。図 4.7 に示した酵素抗体法は顕微鏡標本中の検出したい物質を，酵素標識した抗体と結合させ，発色などによって顕微鏡で検出する方法である。

標識酵素としては西洋わさびペルオキシダーゼがよく用いられる。蛍光抗体法同様，二重染色が可能であり，直接法と間接法がある。酵素抗体法は透過型電子顕微鏡でも応用が可能という特徴を持つ。フェリチン抗体法は 3 価の鉄と結合したフェリチンを共有結合した抗体を用いる免疫組織化学の手法で，透過型電子顕微鏡で検出する。電子密度の高い鉄で標識することで，電子線が透過しにくく，他の細胞内組織と区別できることを利用している。この方法も他の方法と同様に直接法と間接法が利用可能である。

4.3 細菌・真菌の計測技術

近年，細菌や真菌に対する菌数測定や薬剤の薬理作用測定の迅速化・自動化のニーズが高まってきている。食品分野では，HACCP の施行に伴って工程内においての安価で迅速な細菌検査が求められている。HACCP とは日本語では危害分析重要管理点システムと翻訳され，従来の最終製品を検査するということでなく，製造工程を連続的に監視することにより製品の安全衛生保証を確保しようとする衛生管理システムである。

臨床検査分野では，感染症の起炎菌の抗生物質薬剤感受性試験において，従来 18 時間程度かかっていた薬剤感受性検査を数時間に短縮することにより，適正薬剤が迅速に患者に投与できる。このことにより，医療費の抑制と **MRSA**（methicillin-resistant *Staphylococcus aureus*）や **VRE**（vancomycin-resistant *Enterococci*）のような抗生物質耐性菌の出現阻止が可能となる。

従来の細菌や真菌に対する計測といえば，細菌や真菌の個体数の増殖を測定することが中心であったのに対し，代謝活性を測定する技術が注目されている。代謝活性を電気的変化として直接測定するインピーダンス法，コンダクタ

ンス法，酵素活性を発色性もしくは蛍光性化合物の遊離量として測定する合成酵素基質法，なかでも呼吸代謝に伴い生成される**ATP**（adenosine 5′-triphosphate）を酵素と発光試薬を用いることで化学発光量として検出するバイオルミネッセンス法[†]が知られている。しかし，外因性のATPを除くための操作が煩雑であったり，測定時に細菌や細胞から抽出操作を行ったりすることから経時的な変化の測定が不可能といった問題がある。

> **[用語解説]**
> [†] バイオルミネッセンスは生物発光ともいい，生物による可視光の放射全般を指す。細菌・真菌の検出には，ホタルの発光に代表されるルシフェリン-ルシフェラーゼの触媒系が用いられる。1分子のルシフェリンはルシフェラーゼの触媒によって酸化し，1個の光子を放出する。そのときにエネルギー源としてATPを消費する。過剰にルシフェリン-ルシフェラーゼが存在するときに，ATP量と発光量は定量的であり，発光量からATP量を推定することが可能となる。

代謝活性量の測定と一口でいってもいろいろな物質が該当する。自動化を考慮した場合には，簡単な素子で1ステップでセンシングが可能なことが重要なポイントである。ここでは最近注目されている，酸素電極法について述べる。

4.3.1 酸素電極法の原理

3.5.2項でも述べたように，**分子認識素子**と**検出器**を組み合わせた素子を総称して**バイオセンサ**（biosensor）という。**酸素電極**も，検出器の一つである。酸素電極による測定というと，環境問題にからむ池や湖の溶存酸素測定を思い浮かべることが多いのではないだろうか。実際，**生物化学的酸素要求量**（biochemical oxigen demand，**BOD**）などの環境計測や発酵工業の現場ではクラーク型酸素電極が日常的に使われている。クラーク型酸素電極は古くから応用されている電極技術で，**図4.8**に示すように，**作用極・対極・参照極**の3電極から構成され，作用極上では以下の反応が進行する。

$$O_2 + 4H^+ + 4e^- \longrightarrow 2H_2O \tag{4.2}$$

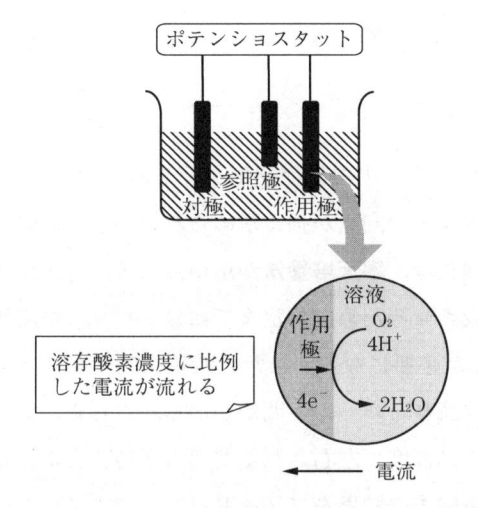

図4.8 酸素電極法による溶液中の溶存酸素の測定原理

この反応により、酸素が還元を受ける際の電子の移動を電流として取り出すことができる。反応速度は、条件をコントロールすることにより溶液中の溶存酸素濃度に比例させ得るので、電流値から溶存酸素濃度を測定することができる。

一方、細菌や真菌は、増殖するために呼吸をしている。呼吸により酸素を消費し、二酸化炭素を排出し、増殖するためのエネルギー源としてのATPを産生している。細菌や真菌はこの呼吸により作り出されたATPを用いて、種々の酵素反応を起こし増殖をする。細菌が増殖する間に変化するパラメーターと、その判定に要する時間の関係を**図4.9**に示す。したがってこの呼吸をいち早く捉まえれば、従来の寒天培地上でコロニー形成を見ることにより細菌増殖

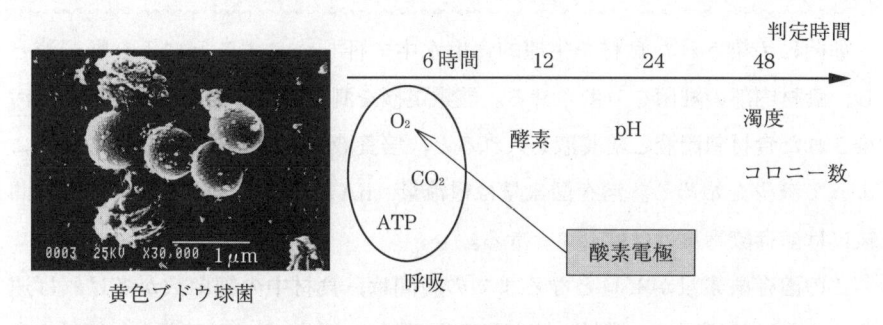

黄色ブドウ球菌

図4.9 細菌が増殖する間に変化するパラメーターとその判定に要する時間の関係

を測定する方法より，迅速に食品中の細菌数を測定することが可能となる。

4.3.2　食品計測への応用

腸管出血性大腸菌 O 157：H 7[†] による食中毒集団発生を一つの契機として，国内のみならず国際的にも食品衛生技術の向上が強く求められている。従来，日常検査として行われる食品細菌検査は，**寒天培養法**が用いられる。寒天培養法では培養によってコロニーを形成させるため，判定までにはコロニーが増殖するまで24～48時間という長時間が必要になる。また，希釈系列プレートの作成・混釈培養用の寒天培地の用事調整と多くの手間がかかる。さらに，コロニーの目視判別・計数など作業者の熟練度に左右される要因も多い。実際の食品製造流通現場において，食品細菌検査の結果をフィードバックできていない現状は，この寒天培養法が持つ問題点が一因となっている。

[用語解説]
　[†]　大腸菌はもともとヒトまたは動物の常在菌の一つである。大腸菌の中に乳幼児の下痢の原因となる特別なグループの存在が明らかになり，**病原大腸菌（EPEC），毒素原性大腸菌（ETEC），腸管侵襲性大腸菌（EIEC），腸管出血性大腸菌（EHEC），腸管付着性大腸菌（EAEC）**と分類している。これらは血清学的（細菌抗原に対する抗血清の反応性）にO，K，H抗原の組合せで区別され，「腸管出血性大腸菌 O 157：H 7」というように記載される。現在O抗原には約160，K抗原には約100，H抗原には56の型が知られている。

細菌に汚染された食材を生理的食塩水中で押しつぶすことにより懸濁液とし，食材内部の細菌を分散させる。酸素電極を測定容器に組み込み，細菌に汚染された食材懸濁液と培養液を入れると，培養液中の溶存酸素は細菌の呼吸によって減少を始める。溶存酸素量は電流量［nA］として検出され，一定時間後には溶存酸素量はほぼゼロとなる。

この溶存酸素量がゼロとなるまでの時間は，食材中の細菌数が多ければ速く，少なければ遅い。横軸に溶存酸素量がゼロになるまでの時間を，縦軸に食

材中の細菌数の対数値をプロットすると検量線が得られる。実際に大腸菌を用いて実測した検量線では，検量線が直線になっていることがわかった。この検量線を用いて，溶存酸素量がゼロとなる測定時間から食材中の細菌数を推定する。酸素電極により 10^5 [CFU/g]（CFU, colony forming unit）の一般生菌数が約4時間で検出できる。

従来の寒天培養法との操作比較を，**図 4.10** に示す。一律48時間かかっていた判定までの時間を，10^5 [CFU/g] では約4時間に短縮することが可能であった。食材中で細菌が 10^6〜10^7 [CFU/g] に増殖すると食材の腐敗が始まる。消費者が小売店で食材を購入してから口にするまでの時間と，その間の細菌増殖を考慮すると，出荷時の細菌数をなるべく少なくする必要がある。

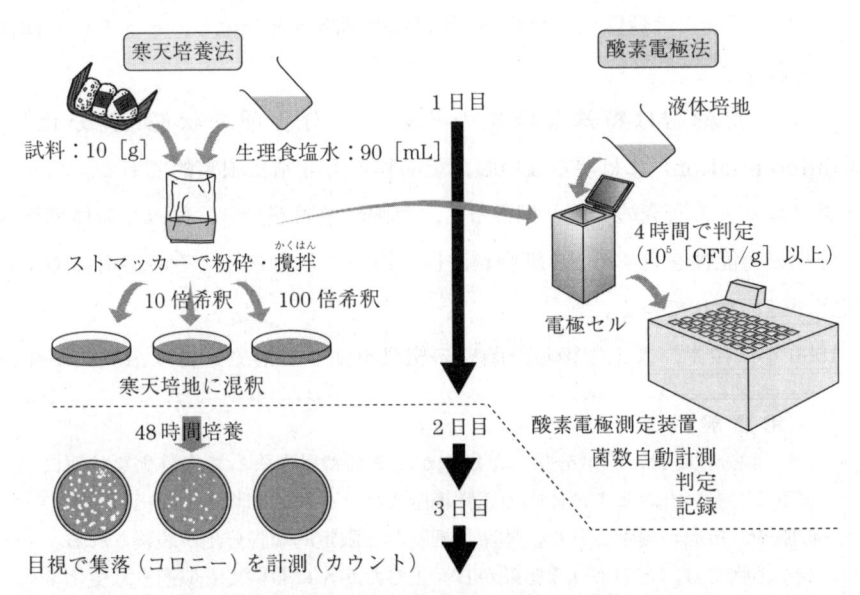

図 4.10 寒天培養法と酸素電極法の簡便性・迅速性の比較

10^5 [CFU/g] では約4時間で検出できるということは，食材が店頭に並ぶ前に食材の安全性をチェックできるということで，食の安全確保という意味でその価値は高い。さらに酸素電極では細菌数が多いほど早く結果が出ることから，迅速性という点でより食品細菌検査にマッチした検出法である。希釈操作

が不要,液体培地を使用することから培地の用事調整不要,目視判定が不要なことから簡易性という点においても従来法より優れている。さらに検査結果をオンラインすることにより,食品細菌検査結果の集中管理も可能となる。

4.4 ES 細胞の応用技術

これまでの節では,多細胞生物として血球,培養細胞と,単細胞生物として細菌の計測方法について述べてきた。多細胞生物においてそれを構成している細胞は**分化**(differentiation)し,それぞれの機能を持っている。ヒトの場合1個の受精卵は**卵割**(cleavage)を重ねて多細胞系となり,さらに発生を続けて約10ヶ月後には特殊化した約60兆個もの細胞へと分化し,ヒトという個体として誕生する。

分化した細胞は特殊な例をのぞいては分化前の状態(**脱分化**[†],dedifferentiation)には戻らないし,その程度も非常に限定的である。バイオテクノロジーの研究の発展と相まって,無限に培養ができ,すべての体細胞への分化の可能性を有する ES 細胞が注目を浴びてきており,その応用に関する研究が進められている。

1980年代後半,人工中絶した胎児の組織を使って治療を行う治療法が注目

[用語解説]
[†] 脱分化とは,一度分化した細胞が,その特徴を失って未分化な状態に戻ることをいう。ヒトの体内の正常細胞では,外科的切除をした後の肝臓の細胞や,抗原が提示された抗体産生細胞など限定的な脱分化が観察される。がん細胞では,どのような組織から発生したがんにおいても似通った生化学的性質を示すことから,がん細胞は分化した細胞が機能を失い,脱分化した状態になったものと考えられている。

がん細胞からは未分化な状態である胎児に存在しているものと類似のタンパク質が発現されていることがある。本来生体には存在しない胎児性抗原をがんマーカーとして捉えることを,がんの診断に応用している。肝臓がんにおける**αフェトプロテイン**(alpha fetoprotein)がその例である。

を集めた．かつて1920年代から1930年代にかけて，糖尿病の患者に胎児の膵臓移植をする手術が欧米で相ついで報告された．これは移植した細胞の増殖によって**インスリン**（insulin）分泌機能を回復させようとする試みで，胎児の組織が高い増殖能力を持っていることと，胎児側の免疫システムが未発達で移植による拒絶反応が起きにくいという性質を利用したものである．この試みはいずれの場合も成功はせず，倫理的な面の問題もあり，胎児の組織の利用は下火になった．

ところが**パーキンソン病**の患者の脳に胎児の脳細胞を移植し，劇的な治療成績をあげたことが報告されると，胎児の組織の移植は再び脚光を浴びることとなった．パーキンソン病は振戦麻痺ともいい，通常は中年以降に発症し，筋肉が固縮し運動異常・静止時振戦・姿勢反射異常が認められ，症状が進行するとまったく寝たきりになる深刻な疾患である．原因は脳内の神経伝達物質の**ドーパミン**（dopamine）が不足することであり，胎児の脳細胞の移植により生着した脳細胞がドーパミンを補い，著しい効果があったと考えられた．

パーキンソン病の治療報告以降，胎児の組織の利用が検討された疾患は，ハンチントン舞踏病や**アルツハイマー症候群**（Alzheimer's syndrome）のようなパーキンソン病と同様な脳内物質の代謝異常にとどまらず，白血病や血友病といった血液疾患に対する骨髄移植や皮膚移植にも広がった．

皮膚移植は，患者の皮膚の一部を採種し，細胞培養により人工皮膚を培養液の中で形成し，もとの患者に移植する技術がすでに確立し，ビジネスとしても行われている．しかし，ヒトの正常細胞は約50回しか分裂しないことから，患者の皮膚より分裂回数が多く残っている胎児の皮膚を材料として使ったほうが有利となる．

しかし，胎児の組織がどれほど難病の治療に有望な材料であるとしても，倫理面での大きな問題がある．なぜなら移植ということを考慮した場合，死産や流産の胎児ではなく人工中絶の胎児がその対象となるからである．

骨髄移植や生体肝移植は違うが，臓器移植にも共通したこととして「1人の生を，1人の死が贖う」という医療はあくまで過渡期の医療に過ぎない．その

意味で，無限の増殖性を持ちながら，胎児組織と同じ機能細胞へと分化する能力を持つ ES 細胞が注目を浴び，胎児の組織の利用から ES 細胞の利用へと研究は推移している。

動物での ES 細胞は，**ノックアウト動物**（knockout animal）と**トランスジェニック動物**（transgenic animal）への応用が研究されている。前者は特定の遺伝子を破壊した動物，後者は逆に特定の遺伝子を導入した動物を意味し，ほ乳類としてはマウスがよく用いられている。これまでの遺伝学が，個体の表現型の違いから酵素・タンパク質の違いを明らかにし，さらにその違いから遺伝子・DNA 配列の違いへと検索を進めていった。

ところが，ヒトゲノムプロジェクトが終了した現在の時点では，逆に DNA 配列から酵素・タンパク質，さらに表現型の違いを解析する必要がある。ノックアウト動物，トランスジェニック動物は，その解析を行ううえで重要な手法となる。また，トランスジェニック動物はヒトに投与しても効果が持続する抗体医薬品や，免疫反応が起きない移植用の臓器というような解析以外の使い方も研究されている。

毒ヘビに咬まれたときには抗血清を投与し治療をする。これは抗血清中の抗体が体内に入った毒素を中和するからであり，この抗血清はウマなどの動物の血液から作られる。抗体医薬品は毒素の中和だけでなく，がん細胞にも効果があることがわかっているが，動物の血液で作った抗体はそれ自身が異物であり，連続投与するとアレルギーなどの重篤な副作用を引き起こすため，1 回限りの投与しかできなかった。そこで，動物にヒト型の抗体を作らせるトランスジェニック動物の研究が行われている。さらに抗体だけでなく，トランスジェニック動物の臓器を移植する技術も研究されている。

ノックアウト動物を作製する方法を，**図 4.11** に示す。まずターゲット破壊用 DNA を準備する。つぎに培養した ES 細胞にこの DNA を導入し，薬剤耐性を指標としてスクリーニングを行う。ここで得られたノックアウト ES 細胞を，毛色などの表現型が ES 細胞の親と異なる受精卵に注入した後子宮に戻し，キメラ動物を誕生させる。キメラ動物と正常動物（+/+）を交配して，

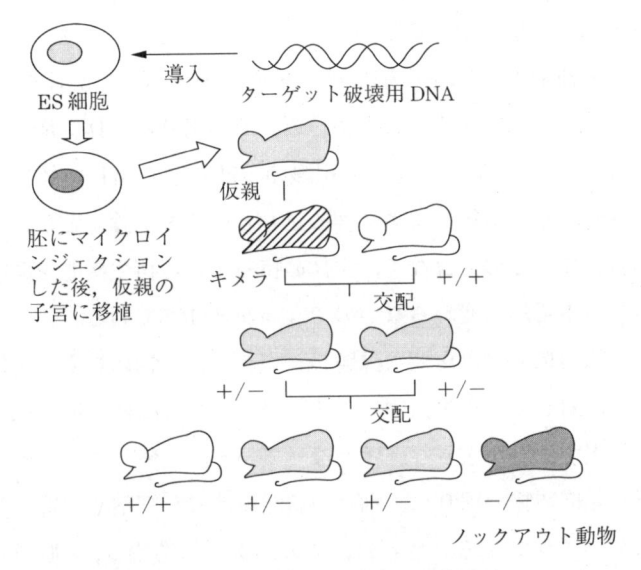

図 4.11 ノックアウト動物の作製方法

表現型の違いから生殖細胞にノックアウト ES 細胞が入っているヘテロ個体（＋／－）を選択する。ヘテロ個体どうしを交配して，ホモ個体（ノックアウト動物）を得る。

　ヒトでの ES 細胞は，人工臓器と医薬品の効果・安全性への応用が研究され始めている。ヒトの受精卵を出発材料とすることから，各国の規制があり研究は緒についたばかりであるが，今後の発展が期待される。

4.5　人工臓器と組織の再生

　人工の器官としては，人工皮膚，人工血管，人工骨，人工気管，人工歯などがすでに臨床応用され，広く普及している。ただ，1 章で述べたように狭義の人工臓器（1 章の用語解説を参照）としては，補助人工心肺装置などの一部を除いてほとんど研究段階にある。さらに，ゲノム研究の進展に伴って**人工臓器**（artificial organs）と**再生医療**（tissue engineering）の二つの医療技術をどのように考えて進めていくかも混沌としている。

再生医療とは，受精卵や体細胞から採取したES細胞を人為的に操作し，体外で目的とする細胞や組織を増殖させる技術である（4.1.3項を参照）。能勢は，人工臓器を「人工物を生体に埋め込み，その周りに生体組織を増殖させるという方法論」，再生医療を「患者の組織の一部を取り出して体外で人工物の周りに増殖させ，しかる後に患者に埋め込むという方法論」とし，科学者は二者択一を迫られているのではなく，生体の持っている再生機能を助成もしくは利用する点では本質的に変わらないのでないかと述べている。

従来の人工臓器における重要な課題の一つが，人工物に対する生体の拒絶反応であったのに対して，再生医療による臓器開発では臓器の持つ三次元構造をいかにして実現するかが大きな課題となっている。具体的には，細胞増殖の母体となる三次元構造物の周りに，別々の機能を持った細胞や血管をどのようにして再生していくかである。さらに，この三次元構造物は，「張子の虎」を作るもととなる虎の形をした木や竹の「枠組み（scaffold）」に相当し，その上に貼り付けられた紙や布が細胞に当たるので，臓器の再生が完了した時点でこの三次元構造物（枠）が生体に分解・吸収されて消滅する必要がある。

皮膚や骨，角膜など，比較的構造が単純な細胞や組織は，今後再生医療が研究開発の中心になっていくと考えられるが，肝臓や心臓などの臓器では，従来の人工臓器技術と新しい再生医療技術が融合しながら下記のカテゴリーに進んで行くと考えられている。

1) 臓器を完全に置換する臓器
2) 機能が低下した臓器の一部再生を助ける臓器
3) 臓器再生（治癒）までのつなぎとして臓器の機能を一時的に代行する臓器

4.5.1 人工心臓のシステム構成

ここでは，人工臓器の中でも特に研究開発が世界的規模で精力的に進められ，一部で臨床応用されている**人工心臓**（artificial heart）について，生体計測の観点から考えてみる。

4.5 人工臓器と組織の再生

初期の人工心臓は大型で，心臓と同じように拍動して血液を送り出す原理を用い，心疾患患者はベッドサイドに設置された（空気圧式）動力装置にチューブで結び付けられ，自由に動き回ることはできなかった．研究が進むにつれて発想の転換があり，電磁モータで直接ポンプを駆動する方法なども考案され小型化されていった．さらに，ポンプの羽根車を磁気力で浮上させ，支持機構と非接触にして長寿命化したものも開発されている．一方，再生医療による心臓の再生はまだその研究の緒についたばかりであり，臨床応用には長い道のりが必要であろう．

人工心臓は，血液の拍出方法の違いによって図 4.12 のように拍動流ポンプ（a）〜（d）と無拍動流（連続流）ポンプ（e）がある．拍動流ポンプは，柔軟な樹脂製の袋（サック），チューブや分離用の薄膜（ダイアフラム）で仕切られた血液室が収縮と拡張を繰り返す機構になっており，自然心臓の動きを模

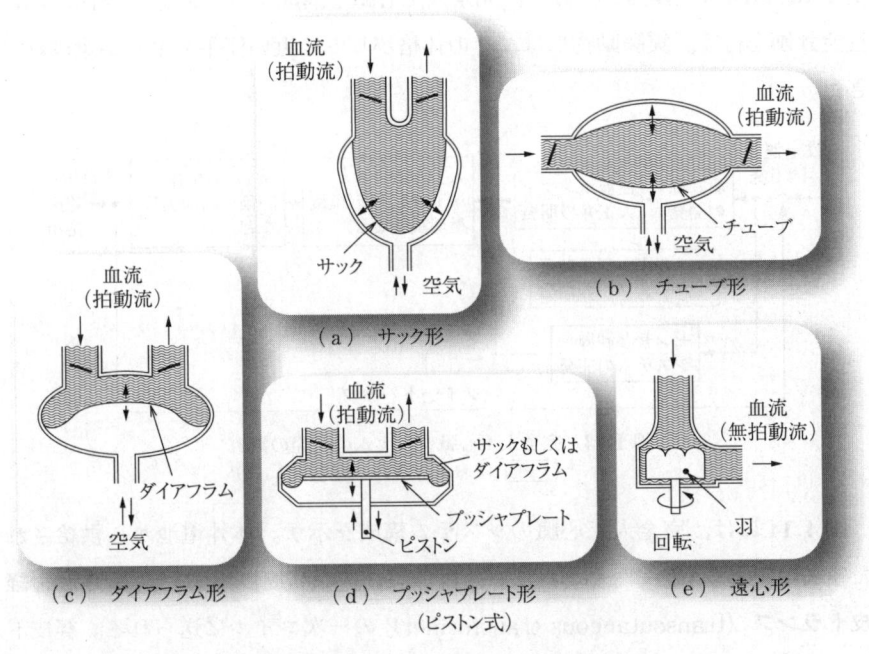

図 4.12 人工心臓に用いられる拍動流および無拍動流ポンプ
（(a)〜(d) が拍動流ポンプ，(e) が無拍動流ポンプ）

擬している。無拍動流ポンプは，羽根車を一方向に回転させ拍動のない血液の流れを作り出す機構になっているものが主流であり，わが国では，赤松らにより開発されている。

心臓は，左右の心房と心室という四つの部屋から構成されており，心臓の機能の一部だけではなくすべてを代行するものを**完全人工心臓**（total artificial heart，TAH）と呼び，その実現には駆動装置を含む主要なシステムすべてを体内に埋め込む必要がある。そのシステム開発には，電磁気学，制御工学，エネルギー工学，材料科学，生体工学，心臓血管外科学などの先端技術を結集した組織的な開発が行われる。

その流れは，図 4.13 に示すように各課題の**ベンチテスト**（bench test）から始まり，模擬循環試験装置などによる *in vitro*（非生体内）評価で人工心臓のポンプ性能評価が行われる。その後，**動物実験**（animal experiment）による *in vivo*（生体内）評価で，完全人工心臓を構成するシステム全体の総合性能評価を行う。実験動物には，その体格がヒトに近い仔牛やヤギが選ばれてきた。

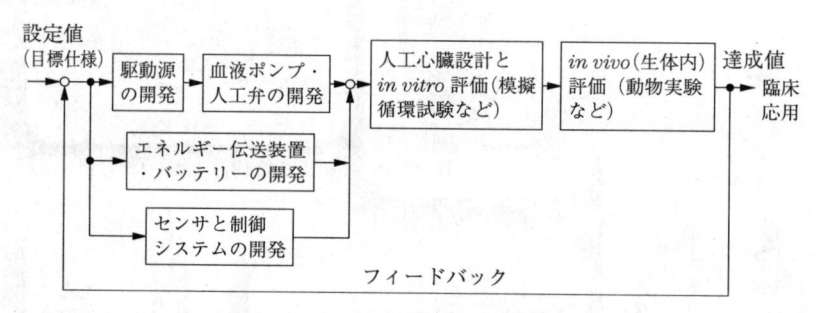

図 4.13　完全人工心臓システムの開発の流れ
（□ はおもな課題を示している）

図 4.14 には，完全人工心臓のシステム構成を示す。体外電池から供給された電力は，インバーターによって数百 [kHz] の高周波電力に変換され，**経皮トランス**（transcutaneous transformer）の一次コイルに送られる。経皮トランスでは，体外に設置された一次コイルから体内に設置された二次コイルに

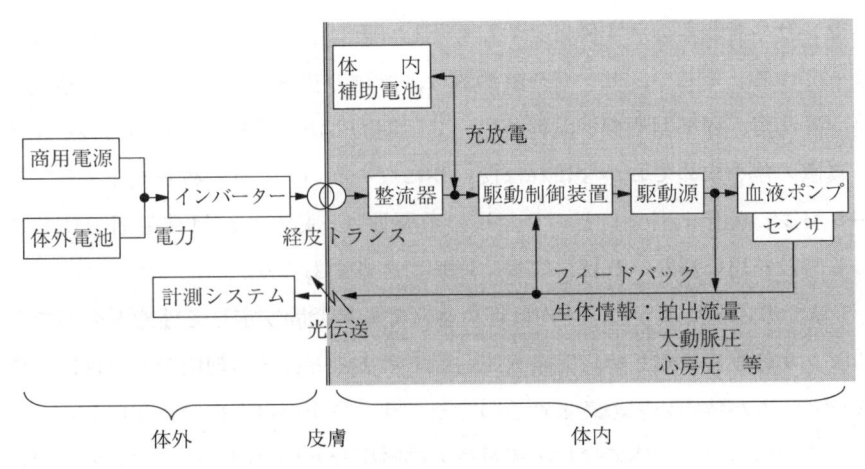

4.5 人工臓器と組織の再生　　*117*

図 4.14 完全人工心臓のシステム構成

皮膚を介して非侵襲的にワイヤレスで磁気エネルギーが伝送される。この高周波電力は整流器で再び直流電力に変換され，体内補助電池や完全人工心臓に電力を供給する。

　経皮トランスによって，皮膚の貫通部位からの細菌の進入による感染の問題が解決された。また，患者の入浴時や緊急時には，体内補助電池が使用される仕組みで，**生活の質**（QOL）の向上が図られている。

　このようなシステム構成を持つ完全人工心臓は，21 世紀初頭に米国において世界で初めてヒトに臨床使用され（アビオコア，AbioCor，米アビオメド社），その目標生存日数は 60 日であった。健常者にとって，数ヶ月の延命などわずかな意味しかもたないように思えるかもしれないが，心臓移植が期待できない末期患者にとっては，死と闘うための数少ない選択肢の一つである。

4.5.2　人工心臓の計測制御

完全人工心臓の課題としては，下記の三項目に大別される。
1）　人体に最適な人工心臓の制御方法の確立
2）　血栓（血液の凝固）と溶血（赤血球の破壊）の防止
3）　小型化と耐久性の両立

センサや計測器の示す値は必ずしも正しいとは限らず,むしろ大なり小なり狂っている。そこで,センサや計測器は,計測の基準となるようなより精度の高い計測器,標準器や標準試料を用いて定期的に値を比較し,計測器の示す値と真値の差を求めておかなければ使い物にならない。これを**校正**(キャリブレーション,calibration)という。この重要性は,私たちが日常生活で使っている時計を思い浮かべれば,容易に理解できるであろう。

1章でも述べたように,体内に埋め込んでも長期間安定して性能を発揮できるセンサの開発は難しい。完全人工心臓で考えると,その理由の一つは,主要なシステムが体内に埋め込まれるのでセンサの校正が自由にできないからである。二つ目には,人体では拍出流量や大動脈圧などの目標値自体がその状況に依存して変化しているので,何を目標にしてどのように制御すべきか決めるの

表 4.4 完全人工心臓のシステム構成とその工学的課題

構成要素	工学的課題
完全人工心臓	1) システム効率は 10 % 以上 2) 拍出流量は最大 8 [L/min] 3) 血液ポンプの材料の耐久性が 2 年以上(人工弁を使用している場合,人工弁も 2 年以上の耐久性) 4) 抗凝固療法なしに使用可能なこと 5) 溶血が起きないこと 6) ポンプの組織接触面温度が 42 [°C] を超えないこと
駆動制御装置	1) 体温 (37 [°C]) の条件下で安定して動作 2) 周囲雑音(電磁ノイズ,振動)の影響を受けない 3) 長期にわたり電気回路への水分の侵入がない 4) 体外から経皮的にモニタリング可能な機能を有すること
経皮エネルギー伝送システム	1) 組織接触面の最大温度は 42 [°C] 以内(温度上昇 5 [°C] 以下) 2) 伝送エネルギーは最大 40 [W],エネルギー伝送効率 最高 85 % 以上
体内補助電池	1) 30 [min] 以上血液循環を維持できる二次電池(電池容量は規程なし) 2) 化学反応によるガスの発生がないこと 3) 1日1回の放電回数で 2 年以上充放電が可能(720 サイクル以上)
体外電池	1) 拍出流量 8 [L/min] で 8 [h] 以上駆動できる放電容量を有する二次電池(容量は規程なし) 2) 患者が容易に携帯できること 3) 患者自身が電池交換および充電を容易に行える仕組みを有すること

が難しいことがある。従来は，生体の要求量を反映すると考えられる拍出量や動脈圧などの変数に一定の目標値を設定する方法が研究されてきた。しかし，これらの制御法では人体の状況の変化に適切に応答できず，新しい方法が研究されている。

表4.4は，完全人工心臓のシステム構成別にその工学的課題を示したものである。駆動制御装置は，上述の課題に対応するために，体外から経皮的にモニタリング可能な機能を有している必要がある。人工心臓の実現には，新しい機械技術や生体材料技術の開発に加え，情報通信技術やナノテクノロジーなど新しい工学技術の応用が不可欠であり，これらの技術導入が期待されている。

❖❖❖❖❖❖❖ 演 習 問 題 ❖❖❖❖❖❖❖

1. 目的別に見た細胞の計測方法の一覧表を作成せよ。
2. 原核細胞・真核細胞，動物細胞・植物細胞で細胞の計測手法にどのような違いがあるか述べよ。
3. ES細胞と類似した言葉に，EC細胞（embryonic carcinoma cell）がある。この両者の違いを調べよ。
4. トランスジェニック動物を作成する方法はES細胞を用いた方法以外にどのような方法が考えられるかを述べよ。
5. 軟骨細胞におけるII型コラーゲンの機能を調べようと思う。どのような実験系が考えられるか。実験計画を作成せよ。
6. 遺伝子組換え鶏卵抗体とは何か。その作製方法と応用の可能性について述べよ。
7. ATP法を用いて細菌・真菌数を計測使用とした場合，何が誤差の原因となる可能性があるかを述べよ。
8. 食中毒の原因となるウイルス，細菌，物質を調べ，その計測方法とともに表をまとめよ。
9. 再生医療の利点と課題を述べよ。

5 生体の計測

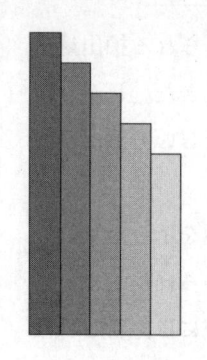

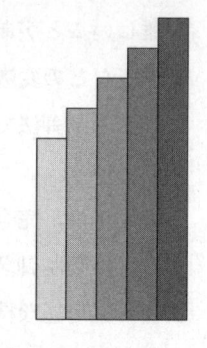

　ヒトの新しい計測技術を開発するには，人体の機能や特性を熟知した医学者と，最先端のテクノロジーを操る工学者の協力が不可欠である．そして，人体を工学的に理解するツールとして，人間工学，医用電子工学，生体医工学，福祉工学などの学問が発達してきた．ここでは，どのようにして生体計測が行われているかを理解するために，人体特性の捉え方を学ぶとともに，生体計測にとって大きなフロンティアである「非侵襲的計測」と，「感性の計測」を中心に考えてみよう．

5.1 人体の特性

5.1.1 ヒトの特性の捉え方

　ヒトという高度に発達した複雑な生命体を科学的に理解するために，**人間工学**が発達してきた．直訳すれば，「ヒトを理解するための技術」となり，米国では human engineering，欧州では ergonomics と呼んでいる．ヒトは感情を持った生き物であるけれども，ここではまずその身体の特性を理解するために，人間工学に基づいて医学・工学的な側面から整理してみる．

　私たちは，日常生活を営むうえで，じつにさまざまな道具や機械を利用している．これらには，イス，自動車，住居など身体を使うハード・システムや，本，TV，コンピューター・ゲームなど情報を得るために五感と脳を使うソフト・システムがある．人間工学とは，ヒトに直接かかわりを持つこれらのシステムを，ヒトが備えている種々の特性をもとにして設計，あるいは改善するための工学である．米国ではヒトをシステムの一部として捉えるシステム工学的

発想から human engineering と呼ばれ，欧州ではヒトの能力に作業環境や機械を適合させる発想から ergonomics と呼ばれて発達してきた。いずれも，「ヒトと機械（システム）の整合」，すなわちマン・マシン・インタフェースを目的としている点では同じである。

ヒトの特性を捉えるには，まずヒトを取り巻く環境の影響も含めたその機能的分類を知ることが重要であり，人間工学に基づいて考えると表5.1のように整理できる。ヒトの形態とは，身体という構造物の構造，形状寸法や組成などを意味し，生理学的な機能以外を指す。一方，ヒトが備えている全身的な能力を，感覚，身体的作業能力，情報処理能力，生理的負担と疲労に分けて示してある。そして，環境とはヒトが置かれた空間の諸条件を示す。

表5.1 ヒトの特性の捉え方

項　目	ヒトの特性
ヒトの形態	生体計測（各部の寸法形状），身体構成（重心，体積，質量など），体型，体組成（脂肪率など）
感　覚	視覚，聴覚，嗅覚，味覚，体性感覚，内臓感覚
身体的作業能力	基礎的生理値，筋力，酵素摂取能力，生体リズム
情報処理能力	反応時間，記憶，制御特性（伝達関数）
生理的負担と疲労	エネルギー代謝，作業効率，疲労
環　境	照明，色彩，温冷，音，振動，気圧などの影響

ヒトの形態のうち，まずその構成要素について考えてみると，医学的には下記のように分類されている。

1) 筋・骨格系要素
2) 神経系要素　　大脳—脳幹—脊髄—末梢神経など
3) 循環器系要素　　右心—大循環—左心—肺循環など
4) 呼吸器系要素　　鼻—気管—肺
5) 消化器系要素　　口腔—食道—胃—小腸—大腸—直腸—肛門，肝臓など
6) 内分泌系要素　　下垂体，甲状腺，副腎髄質，副腎皮質，膵臓など
7) その他　　泌尿器系，生殖系など

そして，図5.1に示すようにヒトは人体の構成要素，生理的要素，心理的要素

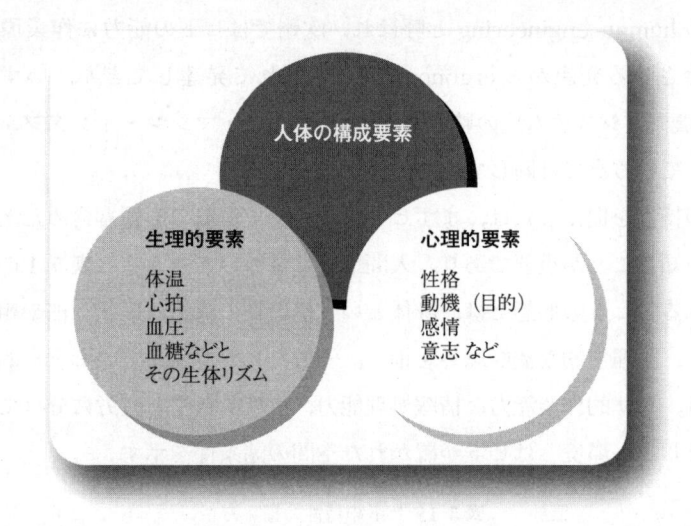

図5.1　ヒトを構成する3大要素

の3大要素から構成されていると考えることができる。生理的要素とは，生命活動を維持するために生体を構成する細胞，組織，器官を制御している複数の生体機能のことであり，前述の神経系要素，内分泌系要素などがそれぞれ備える制御機能のことである（3.1節を参照）。そして，これらは心理的要素（5.3節で後述する感性）の影響を強く受ける。

5.1.2　感　　　覚

人体と外界との境界にあり，両者を結び付けるインタフェースの役目をしているのが**感覚**（sensation）である。環境からの刺激を感覚神経の活動電位という情報（電気信号）に変換するのが**感覚器**（sense organs）である。ヒトが受ける刺激とは，光や熱，圧力などであるから，エネルギーを持っている。すなわち，感覚器とは物理量や化学量を電気エネルギーに変換する**センサ**にほかならない。このように，感覚器に刺激が加わったことを**受容**（reception）といい，刺激が受容されてから活動電位に変換されるまでの過程を感覚という（1.1節を参照）。

そして，感覚情報をもとに，環境の性質や構造など，量的・質的区別がなされる過程を**知覚**（perception）という。ここでいう環境とは，ヒトが置かれた空間である体外環境だけでなく，内臓などの体内環境も含んでいる。**図5.2**には，感覚と知覚の関係を示す。ここで重要なのは，集積された知覚のパターンである記憶という**知識**（knowledge）をもとにして，知覚の意味づけが行われていることである。この状態を情報の認識という。

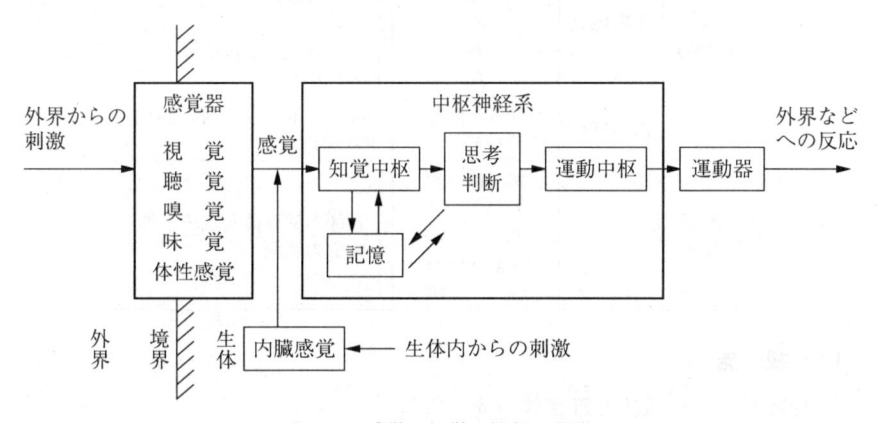

図5.2 感覚，知覚と情報の認識

しかし，感覚情報として捉えられた活動電位がすべて大脳皮質に到達して処理されているわけではない。もしそうであれば，私たちは全身に分布する膨大な感覚器からの情報をつねに"意識として感覚"し続けることになるし，大脳皮質はその情報処理でパンクしてしまうだろう。実際には，脳幹や脊髄反射などで姿勢や内臓の調節も行われている。すなわち，"意識にのぼらない感覚"もあるのである。

感覚器を構成する一つ一つの感覚神経末端を**受容器**（receptor）といい，感覚は刺激とその受容器によって**表5.2**のように分類される。二つの異なる強さの刺激が受容器に加わった場合，その二つが同じでないと知覚できる最小の強度差が弁別閾値と定義されている。また，一定の強さの刺激が受容器に継続的に加わると，活動電位の頻度が小さくなるという順応現象がある。受容器の構造については生理学書に譲るとし，ここではおもな感覚の特性についてまとめる。

表5.2 感覚とその受容器

感覚の種類		受容器
特殊感覚	視	目
	聴	耳
	嗅	嗅粘膜
	味	味蕾
	加速度	目（半規管と卵形嚢）
体性感覚	皮膚感覚　痛 温 冷	｝自由神経終末
	触 圧	｝マイスナー小体やパチニ小体など
	深部感覚　筋伸張や関節の位置など	筋紡錘，機械受容器，自由神経終末など
内臓感覚 （臓器感覚）	飢餓感 渇き 悪心 尿意・便意 性欲	｝各部の受容器と視床下部・大脳の判別

1）視　覚

受容器　　杆状体と錐状体（光→電気）

可視波長　　約380〜770 [nm] で，この波長領域を可視光線（visible light）と命名（図5.3），多少の個人差はある

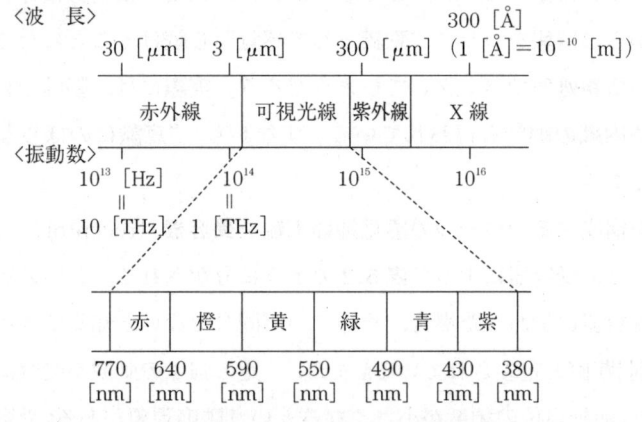

図5.3　光（電磁波）の波長と振動数（光速 $c=$ 波長 $\lambda \times$ 振動数 $f, c = 3 \times 10^8$ [m/s]）

明暗の繰返し　　数十［Hz］以上を認識できる

2）聴　覚

受容器　　有毛細胞（圧力→電気）

可聴音　　20〜200 000［Hz］

分解能　　2［Hz］程度

3）嗅　覚

受容器　　嗅細胞（嗅杆状体，化学量→電気）

受容器の中では最も原始的で，視聴覚に比べ敏感だが判別性が悪い

4）味　覚

受容器　　味蕾細胞（化学量→電気）

塩味，甘味，酸味，苦味の4基本味とうま味

感知に約1秒，回復には10秒〜1分ほど，反応時間は塩＜甘＜酸＜苦の順に大きくなる

5.2　非 侵 襲 計 測

5.2.1　非 侵 襲 と は

生体計測では，精神的・肉体的苦痛ができるだけ少ないことが望まれており，非侵襲化が図られてきたことは1.3節でも述べた。生体計測は，**表5.3**に示すように計測手段（センサ）と生体との距離から五つに分類できる。そして，これらは侵襲の強度から**侵襲計測**（invasive measurement）と**非侵襲計測**（noninvasive measurement）の二つに大別される。

　まず，遠方計測と体表計測が非侵襲的計測である。そして，非侵襲的に得られる唾液や尿などを検体とした検体計測，また体内計測の一部も非侵襲的計測に含まれると考えられる。探針計測のみが，すべて侵襲計測に含まれることとなる。この基本概念は，坂本，斉藤らにより1980年に出版されたわが国の先駆的なME工学書の一つである「生体とME」にも著されている。

　体内計測は，手術によって一度は**外科的侵襲**（surgical invasion）が必要な

表5.3 生体計測の分類

非侵襲	① 遠方計測	X線，超音波，MRI, PET
	② 体表計測	脳波，心電，血圧，血流，心拍，O_2, CO_2
侵襲	③ 検体計測	血液，尿，唾液の化学物質濃度
	④ 体内計測	研究用途レベル
	⑤ 探針計測	カテーテル（穿刺）

参考図

ために従来は侵襲計測に分類すべきと考えられてきたが，生体内に埋め込まれたセンサが長期的に使用できる可能性が高まるにつれ，センサに半年程度の寿命があれば非侵襲計測の目指す利用者の**生活の質**（**QOL**）の向上に寄与できることから，最近では非侵襲計測に含めて考えるのが主流である。

すなわち，非侵襲計測とは「身体を侵襲して精神的・肉体的苦痛を与えない計測技術」という狭義の意味だけでなく，「利用者の精神的・肉体的苦痛をでき得る限り緩和し，その生活の質の向上を実現できる計測技術」という概念へと広がってきた。同じ意味で，採血量をサブ・マイクロリットルオーダーまで極端に低減した血液を検体とした検体計測を**低侵襲計測**（semi-invasive measurement）と呼ぶことがある。

代表的な遠方計測としては，生体の二次元，三次元的な横断像が非侵襲的に得られる**コンピューター断層撮影**（computed tomography, **CT**）が挙げられ，**可視化技術**といわれている。形状を観察する形態画像診断と，血流量や細胞の糖代謝などの状態を観察する機能画像診断がある。CTには，X線CT，超音波CT，MRI, PETなどがあり，臨床診断だけでなく医学研究の発展に

も絶大な威力を発揮している．ただ，CTではX線やγ線の被爆が避けられないので，単に体に傷をつけないことだけが非侵襲を意味するのではないという理由はここにもある．体表計測としては，電気量・光学量の計測による脳波，心電図，血圧，血流量，酸素濃度，二酸化炭素濃度などの計測が挙げられ，詳しくは5.3節で述べる．

検体計測は，3.3節の疾患と検査で述べた臨床検査のための**検体検査**が中心である．薬剤注入，栄養管理，生体モニタリングや体液などの排出を行う目的で体内に挿入（留置という）するチューブ状の医療用具を総称して**カテーテル**（catheter）といい，探針検査はおもにカテーテルを用いて行われる．体内計測には，センサを体内に埋め込み無線・有線通信によってデータ処理を行う**テレメータ**（telemeter）があるが，完全埋込みを実現して無線通信のみで情報収集を行う装置は，まだ研究用途が中心である．

ここでは，遠方計測である可視化技術の原理を説明する．

1） **X線CT**　　真空紫外線より短い波長を持つ電磁波を**X線**（X-rays）と呼び，一般に50〜100［keV］程度に加速された高速の電子を（金属）原子に衝突して発生させる．X線CTの基本原理は，ビーム状に細く絞ったX線を生体に照射し，その透過線の強度をX線検出器で測定するのだが，ビームX線を例えば平行移動することによって二次元の画像情報を一次元の電気信号に変換（**走査**，scan）し，一断面のデータを得るものである．この走査をさらに微小角度間隔で回転させながら行って，より詳細な情報を得る．これらのデータをもとに，コンピューターによって断層像を再構成する（形態画像診断）．

1972年に英国EMI社のハウンスフィールド（G. Hounsfield）によって開発され，同氏は1979年にはこの発明によりノーベル生理学・医学賞を受賞した．世界で最初に開発されたCT装置であるという歴史的経緯から，X線CTのことを単にCT（またはCTスキャナ）と呼ぶことが多い．

2） **超音波CT**　　人の可聴音より高い周波数の音波を**超音波**（ultrasonic

wave）といい，通常は 20 [kHz] 以上の音波を指す．超音波が伝播する媒質は，気体，液体，固体のどれでも対象となり，そのエネルギーを利用する動力的，熱的利用だけでなく，情報的利用にも応用されている．原理的には，X 線 CT の X 線を超音波に置き換えたものであり，1974 年にグリーンリーフ（Greenleaf）らにより開発された．

超音波 CT では，生体に 2～5 [MHz] の超音波パルスを印加し（パルスエコー法），体内各部からの反射波を検出して断層像として表示する（形態画像診断）．他の CT に比べて装置が小型であり，リアルタイムで断層像や血流情報が得られるという利点もあるが，逆に空間分解能は他の CT に劣る．

3） **MRI** MRI（magnetic resonance imaging）は核磁気共鳴を利用した断層撮影技術である．**核磁気共鳴**（nuclear magnetic resonance, **NMR**）とは，静磁場中に置かれた物質（化合物）に電磁波を照射すると，物質の原子核のうち照射された電磁波に等しい固有（共鳴，共振）周波数を持つ原子核が電磁波のエネルギーを吸収して遷移する（エネルギー状態の異なる他の定常状態に移る）現象のことである．

原子（atom）は**原子核**（atomic nucleus）とそれを取り巻く**電子**（electron）から構成されており，原子核は電子状態で異なる固有周波数を有しているので，医用分野に限らずこれを利用して物質の立体構造を解析するのに利用されている（形態画像診断）．化学分野でも，物質の構造を決定するのになくてはならない装置となっている．特に脳機能の解析に用いられる装置を functional MRI（**fMRI**）と呼ぶ．

4） **PET** PET（positron emission tomography）は陽電子放出断層撮影法である．電子の反粒子が**陽電子**（**ポジトロン**，positron）であり，質量は電子と同じだが電磁的性質は符号が逆になる．核内の陽子が中性子に変わり，同時に陽電子とニュートリノを放出する β 崩壊では，原子核から陽電子が放出され，これを**陽電子放出**（positron emission）という．

放射性同位体[†]（ラジオアイソトープ，radioisotope）は，固有の半減

[用語解説]
† 原子核の種類を**核種**（nuclide）といい，核種は陽子数 Z と中性子数 N を指定すると決まるので，元素記号 X の場合 ^A_ZX と表記する．このとき，質量数 $A=Z+N$ である．一つの元素について，A が異なる数種類の核種が存在し，これらをたがいに同位核と呼び，陽子数 Z は同じである．

同位核を核とする原子どうしを**同位体**（isotope）と呼び，原子量は異なるが同じ原子番号となり，化学的性質はほぼ同じである．通常は，複数ある同位核のうち少数の核種のみが安定であり，他は不安定で時間とともにより安定なほかの核種に崩壊する．この不安定な同位体は，原子炉や加速器（サイクロトロン）を用いて人工的に作られたものである．

期を持っており，核放射線の放出とともに陽電子を放出する．陽電子が近くの電子と結合して消滅する際に，一対の消滅**γ線**（ガンマ線, gamma rays，電磁波の一種）がたがいに反対方向に放出される．この一対の γ 線を複数の検出器で同時に検出すれば，消滅した陽電子は検出器を結ぶ線上にあったと同定できる．

断層撮影では，陽子や重陽子を 10〜20［MeV］で加速する小型加速器で製造した ^{11}C，^{13}N，^{15}O，^{18}F などの放射性同位体を標識薬剤としてヒトに投与して，それらが発する γ 線を計測し画像化する．これらの炭素，窒素，酸素，フッ素は，生体を構成する元素であるし，半減期が数分から数時間と崩壊時間が短い（3.2 節を参照）．

例えば，PET によるがん検診では，ブドウ糖に ^{18}F を付着させた薬剤を体内に入れると，がん細胞は正常細胞より 3〜8 倍もブドウ糖を吸収して成長するのでそれががん細胞に集まり，その他の正常な細胞よりも強い γ 線を出すという性質を利用している．このように，PET は代謝異常を画像化できるので機能画像診断に用いられる．

図 5.4 には，全身用 PET システムの外観を示す．有効直径 590［mm］，最大 200［mm］の広い有効視野で高速に全身の画像診断が可能である．図 5.5 には，病気の進展とがん細胞の大きさとの関係を示す．がんの種類にもよるが，X 線 CT や MRI などでは発見できなかったミリ単位の大

130   5. 生体の計測

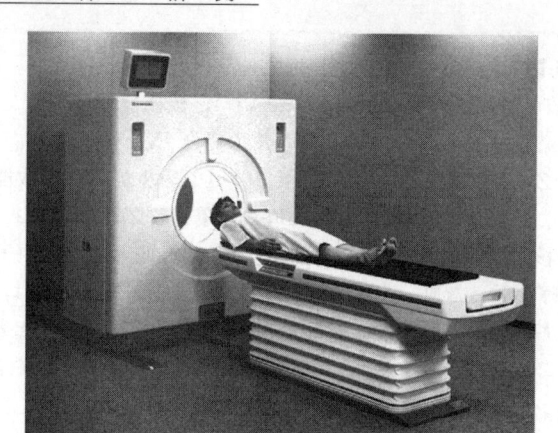

図 5.4　全身用 PET システムの外観
((株)島津製作所，HEADTOME-V)

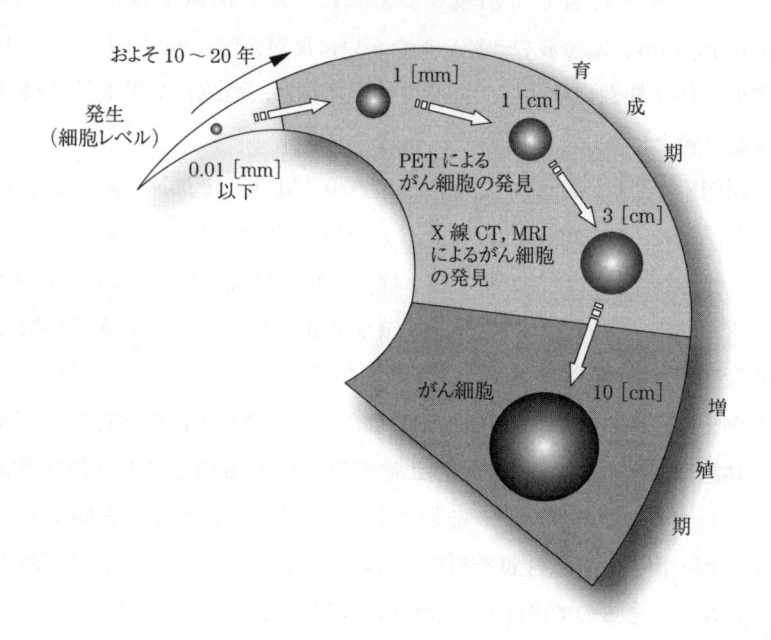

図 5.5　がん検診の進歩

きさのがん細胞が PET の開発により発見できるようになり，このような正確ながん診断により適切な治療選択へとつながっている。

5.2.2 無拘束・無意識計測

生体計測の最終目標としては，無拘束計測と無意識計測が挙げられる。**無拘束計測**（ambulatory measurement）とは，生体計測に用いる機器を携帯可能な寸法形状まで小型化し，日常生活を妨げないで生体情報を計測することである。このような生体計測では，利用者が機器の設置された場所に赴く必要がないので，時間的・空間的な拘束を受けないのが特長である。

例えば，不整脈・虚血性心疾患の診断に用いられているホルター心電計（Holter electrocardiograph）などがある。日常生活で起こる一過性の狭心症発作は通常の安静時心電図検査などでは捉えられないことが多く，この装置を24時間にわたって装着し，日常生活における心電図を連続記録した結果から専門医が診断する。

無意識計測（unconscious measurement）という概念は，さらに一歩進んでヒトが日常生活を営む生活空間，例えば自宅（家）などに各種のセンサを目立たないように配置し，知らず知らずのうちに自動的にさまざまな生体情報を収集・分析し，健康管理などに役立てようという考え方に基づいており，山越により提案された。この考え方に近い研究として，欧州では**スマート・ホーム**（smart home），日本では**ウェルフェア・テクノハウス**（welfare techno-house）などがあり，戸川，山越，田村らの研究グループが先導的な研究を行っている。

図5.6は，スマート・ホームの概念を示したもので，キッチン，寝室，フロやトイレなどに音センサ，温度センサ，圧力センサ，心電（電圧）計，光センサ，化学センサなど各種のセンサを設置し，在宅時の食事，睡眠，入浴，排泄の生活リズムや，体温，血圧，心電図，体重，血糖値などの健康情報を収集する健康モニタリング・システムである。

その目的としては，1）**生活習慣**のモニタリングと，2）在宅健康管理が挙げられる。健常な日常生活を営んでいる場合には，日常の生活習慣（生活リズム）はほぼ一定である。つまり，生活習慣を継続して計測しておき，それをもとに比較すれば，生活リズムの変化を検出することが可能となる。例えば，キ

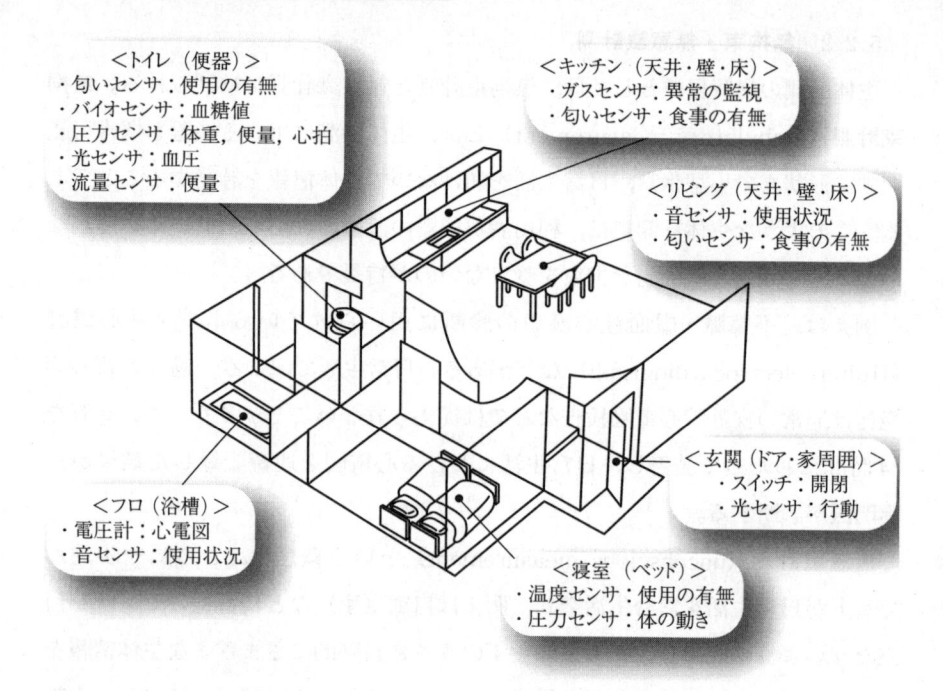

図5.6 キッチン，寝室，フロやトイレなどの日常生活空間にセンサを配置したスマート・ホームの概念

＜トイレ（便器）＞
・匂いセンサ：使用の有無
・バイオセンサ：血糖値
・圧力センサ：体重，便量，心拍
・光センサ：血圧
・流量センサ：便量

＜キッチン（天井・壁・床）＞
・ガスセンサ：異常の監視
・匂いセンサ：食事の有無

＜リビング（天井・壁・床）＞
・音センサ：使用状況
・匂いセンサ：食事の有無

＜玄関（ドア・家周囲）＞
・スイッチ：開閉
・光センサ：行動

＜フロ（浴槽）＞
・電圧計：心電図
・音センサ：使用状況

＜寝室（ベッド）＞
・温度センサ：使用の有無
・圧力センサ：体の動き

ッチンやリビングに設置した**匂いセンサ**（electronic nose，化学センサの一種）で食事の時間や種類を検出することができるし，主要場所に設けた音センサや圧力センサで，フロ，トイレ，ベッドなどの使用時間がわかる。

これを，一人で生活する**高齢者**（独居老人）の家庭などに応用すれば，通常の生活リズムと違った行動を異常として検知することができる。また，疾患に罹患していない健常者は，自らの健康管理に対する意識がどうしても希薄になりがちであるので，フロやトイレなど定期的に必ず使用する場所で血圧，心拍，心電図，血糖値など**生活習慣病**の検査にとって重要な項目を測定すれば，年に1～2回程度しかない健康診断のインターバルを補うのにも有用である。

スマート・ホームの普及には，センサや情報処理のコストが実用化を阻んでいるように考えられるので，企業だけでなく自治体や国も巻き込んだ対応が必

要かもしれない。また，**セキュリティ**の面で個人情報の漏洩(えい)に配慮する必要もあろう。

5.2.3 非侵襲計測技術

〔1〕 **血糖測定**　糖尿病は，残念ながら世界的にも患者数が増大の一途をたどっており，非侵襲計測の研究が最も盛んな疾患の一つである。なぜなら，糖尿病患者の中には，血糖値を良好な状態に維持するために小型の自己血糖測定器を携帯し，日々自らの血液を採取して血糖値を測定することによって，運動量，食事制限やインスリン投与量の決定に利用している人が多い。もし，採血を必要としない非侵襲的な血糖測定手法が実用化されれば，糖尿病患者の肉体的・精神的苦痛が取り除かれるばかりでなく，糖尿病を発病する危険があるハイリスク者のスクリーニング（ふるい分け）検査にも気軽に広く活用できる可能性もあるからである。

図5.7は，日米欧を中心とする企業や研究機関で取り組まれてきた非侵襲血糖測定手法の動向を，原理と対象に焦点を当ててまとめたものであり，これらは1）何らかの方法で体外に取り出した生体液中のブドウ糖濃度を化学（酵素）反応で測定する方法と，2）光（赤外線）で血液中のブドウ糖濃度の光学的特性を測定する方法に大別できる。20年以上前よりさまざまな方法が提案・検討されてきた結果，非侵襲血糖測定手法に取り組んだ内外の機関は学術論文もしくは特許で確認できるものだけでも120機関以上あり，一説には200機関を越えたともいわれている。

当初，光計測は完全に非侵襲的な方法として注目され複数の光学的原理を併用した研究もなされ，この技術開発に参画した研究者の数が最も多い。しかし，1）血液は油と水の混合液であり，その比率が時々刻々と変化すること，2）ブドウ糖濃度の光学的特性が温度に大きく依存すること，3）皮膚の角質層や粘膜が厚く，赤外・近赤外の波長域での測定が容易でないことなど複数の課題があり，すでに撤退した方法も多く一時は非侵襲計測の可能性自体が否定された時期もあった。また，体内埋込み形センサも広義には非侵襲計測の一種

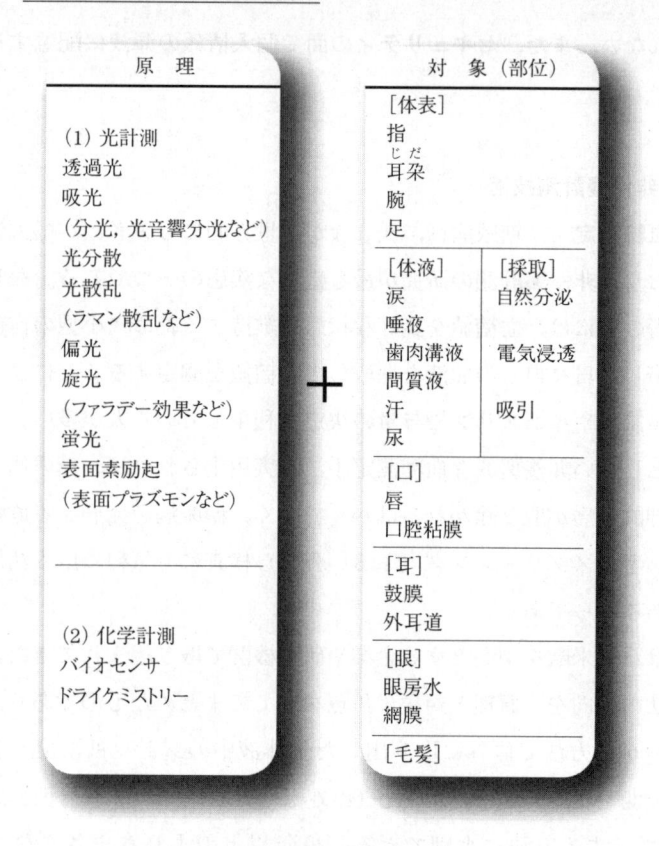

原　理	対　象（部位）	
(1) 光計測 透過光 吸光 （分光，光音響分光など） 光分散 光散乱 （ラマン散乱など） 偏光 旋光 （ファラデー効果など） 蛍光 表面素励起 （表面プラズモンなど） (2) 化学計測 バイオセンサ ドライケミストリー	[体表] 指 耳朶(じだ) 腕 足 [体液] 涙 唾液 歯肉溝液 間質液 汗 尿 [口] 唇 口腔粘膜 [耳] 鼓膜 外耳道 [眼] 眼房水 網膜 [毛髪]	[採取] 自然分泌 電気浸透 吸引

図 5.7　非侵襲血糖測定手法のストラテジー

であるが，使用材質の生体安全性と，センサ表面へのタンパク質の吸着の二つの困難な課題がある。このように，世界的に見ても臨床応用されている方法は残念ながらまだない。

　一方，最近では自然分泌や電気浸透で体外に取り出した生体液中のブドウ糖濃度を酵素センサや酵素試験紙（ドライケミストリー）などで測定する方法が有望視され始めている。先進国では，医療機器の実用化は国の承認の有無で判断されるが，米国シグナス社（Cygnus, Inc.）のグルコウオッチ（GlucoWatch）は，米国 FDA（日本の厚生労働省に相当）の正式認可まであと一歩のところまできているといわれる。この原理は，皮膚表面に二つの電極を装着してその間に電

圧を印加することで**電気浸透**（イオントポレシス，iontophoresis）というナトリウムや塩化物イオンの流れを発生させ，その流れに乗って体表に滲出してきたブドウ糖を含む間質液を酵素センサで分析し，血糖値を推定するものである。

細胞外液（extracellular fluid）の一種と考えられる**歯肉溝液**（gingival crevicular fluid, GCF）に着目した非侵襲血糖測定器も研究されている。歯と歯肉との間には，V字状の溝が歯の周囲を取り巻いて存在しており，GCFとはこの溝から滲出してくる組織液でその成分は血液に由来している。ただし，その分泌量がわずか数 μL 前後しかないので，採取しても室温で1分ほどで蒸発してしまう。図5.8 は，その歯肉溝液の採取と分析に併用するために考案された使い捨て（ディスポーザブル）式の採取器具と分析装置である。

採取器具を使用して毛細管現象により1分ほどで歯肉溝液を吸引・採取した

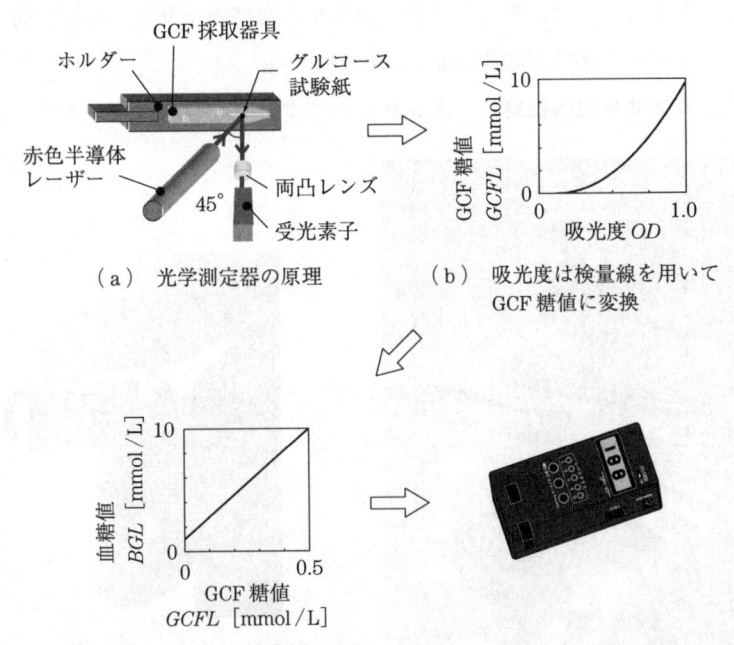

(a) 光学測定器の原理

(b) 吸光度は検量線を用いてGCF糖値に変換

(c) 血糖値とGCF糖値の検量線

(d) 計算された血糖値を表示

図5.8 歯肉溝液式の非侵襲血糖測定器（使い捨て式の採取器具と分析装置で構成）

後，本体のホルダーに挿入すると，赤色半導体レーザーによりブドウ糖試験紙（ドライケミストリー）に光が照射され，試験紙面の反射光量 r がフォトダイオードで測定される。この反射光量 r を吸光度 OD に換算した後，ブドウ糖試験紙の検量線を用いて歯肉溝液糖値に変換する。さらに，歯肉溝液糖値と血糖の検量線によって血糖値に換算されるという仕組みである。歯肉溝液，間質液，リンパ液などは血液と同じ細胞外液の一種なので，血糖との相関が良いのが特長である。

すべての非侵襲血糖測定に共通する課題は，侵襲的な方法で測定した血糖値で定期的に**校正**（calibration）しなければならないということであり，絶対値測定で侵襲式と同等以上の精度を実現するにはまだ時間がかかりそうである。このような，"少し精度に劣る"非侵襲的な測定方法で"有効な"血糖コントロールを行うには，膨大な過去の情報から血糖値を推定する探索的データ解析手法などの手助けが必要かもしれない。

〔2〕　**カプセル型内視鏡**　　図5.9に示すカプセル型内視鏡システムが，欧

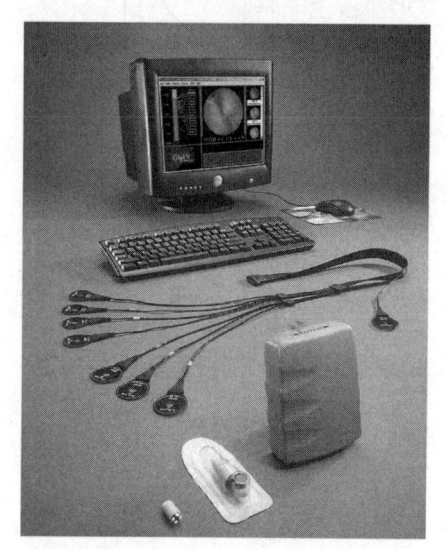

図5.9　カプセル型内視鏡システム
（Copyright © 2001-2003 Given Imaging Ltd. All Rights Reserved）

図5.10　カプセル型内視鏡に用いられるCMOSイメージセンサや電池等を内蔵した使い捨て式のカプセル
（Copyright © 2001-2003 Given Imaging Ltd. All Rights Reserved）

州や米国で臨床応用されている。これは，従来のファイバー型内視鏡による検査とは異なり，被検者は図5.10に示すCMOSイメージセンサや電池などを内蔵した使い捨て式のカプセル（直径11 [mm]×26 [mm]，質量3.45 [g]）を飲み込むだけでよいという方法で，肉体的・精神的苦痛や感染症などの危険性からも開放されるため，QOLの向上が期待されている。

このカプセルは，体内で0.5秒間隔で約7時間の連続撮像を行い，その画像情報は無線通信によって体外の受信機に送信される。これまで，画像的にまったく検査手段がなかった小腸内部全体を，動画として撮像・診断することができる。本技術により，これまで発生がきわめて少ないといわれていた小腸がんが発見されるなど，新たな可能性も指摘され始めている。

5.3 感性の計測

5.3.1 感性，ストレスと心理計測

生体計測に残されたもう一つの目標は，**感性**の計測である。美術品や工芸品の意匠（デザイン）は感性の産物ともいえるが，ヒトの感性を工学的，学問的に分析し評価しようという「**感性工学（kansei engineering）**」の研究は，長町により提案され，1990年頃本格的に始まったとされる。「感性」という言葉には，直感的や感覚的という先入観があり，合理的に捉えがたく，特に数値目標を掲げて最適設計のための合理的な方法論を研究する工学には馴染まないような印象があるが，そうではない。文学では感情と同じような意味で使われていることもあるが，哲学や心理学でも学術用語として使われている。

まず，感性工学を研究するということは，工学的に捉えた感性とは何か，を定義することにほかならない。現在は，日本感性工学会などを中心に「感性とは，外界の刺激がヒトの感覚器で認識された後に発生する感情表現（心理反応）までの情報の流れや，それに伴う生体反応」と捉えられることが多い。

さらに，感性と同じような意味で**ストレス**（stress）という言葉も使われている。ストレス研究は，キャノン（W. Cannon）の研究に始まるといわれる。

カナダの科学者であるセリエ（H. Selye）によって，本来は歪みを意味する工学用語であったストレスが医学用語に応用されてから，すでに半世紀以上が経過した。一般には，ヒトのストレス＝不快とイメージしがちだが，ストレスとは，「生体が外界から刺激を加えられたときに，生体に生じる反応」を意味する学術用語であり，**快適なストレス**（eustress）と**不快なストレス**（distress）の両方を含んでいる。英語としては，eustress は，positive や comfortable に相当し，distress は negative や uncomfortable に相当すると考えられる。また，刺激となる現象を**ストレッサー**（stressor）という。

このほか，ストレスには**精神的ストレス**（psychological stress）や**肉体ストレス**（physical stress），一過性ストレスや持続性ストレス，生体ストレスや細胞ストレスなどの分類がある。ヒトだけでなく，犬や猫などにもストレスは存在し，最近は植物にまでこの概念が広がってきた。そして，生きている限りこのストレスは続き，ストレスをまったく感じないで生活することはできないようである。なぜなら，ストレスとは生物が内外から受ける刺激に適応していく過程そのものを概念化した言葉であり，生きている証だからである。私たちは，こうした変化に適応していく過程で生じる反応のことをストレスと呼んでいるのである。セリエは，「適度のストレスは，人生のスパイスである」という名言を残している。

さて，ストレスとは情動の現れに過ぎないのか，それとも交感神経系が引き起こす生理的変化なのかという議論が，ストレス研究において古くからなされている。このように，ヒト感性やストレスの機序を医学的に究明したり，ヒトを取り巻く環境条件などを工学的に評価するには，「生体が外界から加えられた刺激の量に対応する感覚量を数値化して求める」という**心理計測**（psychological measurement）が行われる。

5.1 節で前述したように，例えばヒトの聴覚（耳）では感受できない周波数の音や，ヒトの視覚（目）では感受できない波長の光があるので，単に音や光の物理量を計測するだけでは，ヒトの感覚器官がどの程度の刺激を受けているのかを知ることはできない。さらに，ヒトは体全体にあるさまざまな感覚器官

で受けた多様な刺激を統合し，最終的に脳で「感じて」いる。すなわち，刺激の量に対応する心の（心理）量を求める必要がある。

ここで，ヒト感性の計測に関連するこれらの概念を整理してみると，下記のようになる。

1) 感性工学　　工学やビジネスに応用するために，おもに心（感情）の反応を知ること
2) ストレス　　心の（精神的な）反応だけでなく，体の（肉体的な）反応を表し，それに伴う疲労なども含むことがある
3) 心理計測　　感性やストレスの定量評価のために行われる計測

ストレス研究は，ストレスの機序も含めた脳機能の解明を中心として進んできたが，その研究成果が人類にもたらす恩恵はそれだけではないであろう。例えば，ストレスの強度と生物の生産性の関係を見ると，図 5.11 に示すようにストレスレベルが高すぎても低すぎても生産性が落ちるということがわかっている。よって，労働者に加えられる負のストレッサーである人間関係の不和，不明確な目標設定などを低減し，正のストレッサーである労働の量をコントロールすれば，労働生産性を向上できる。また，果物などの農作物に加えられる環境ストレッサーの量をコントロールすれば，甘みが増すなどの効果も知られている。このように，ストレスを積極的に産業に取り込もうという考え方も広がってきた。

戦後の日本の産業は，安いという「価格指標」を掲げて世界市場に乗り出

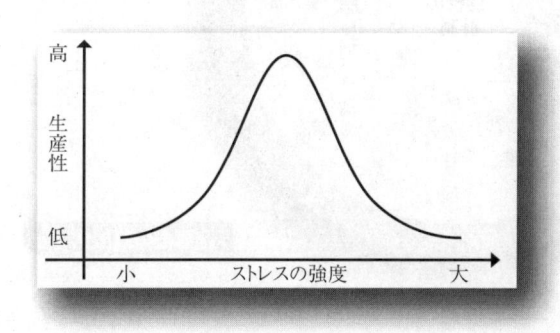

図 5.11　ストレスの強度と生物の生産性の関係を示す模式図

し，いつしか Made in Japan は「性能（が良いという）指標」に変わった。そして，最近は「安全指標」や「環境指標」が工業製品の付加価値を高めてい

快適指標：ストレスがない
アメニティマーク？

環境指標：環境にやさしい
ISO14001，エコマーク

安全指標：人に無害，傷つけない
SGマーク

性能指標：特性が良い，速度が速い等
ISO，JIS，Made in Japan

価格指標：安い

図 5.12 快適さ（ストレス）は第5の製品指標

工業製品の快適化／サービスの向上／医療の高度化

感性の計測

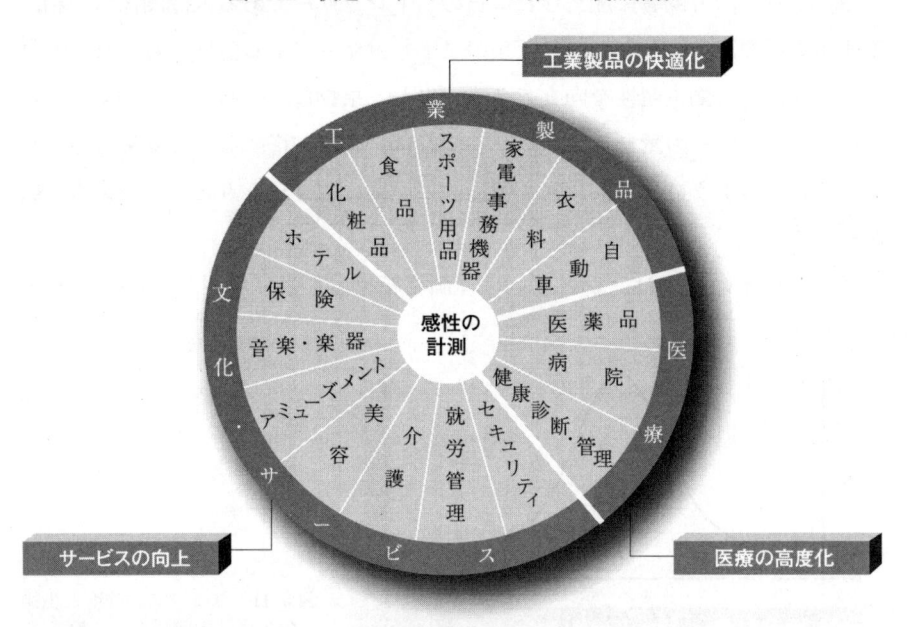

工業製品：家電・事務機器，衣料，自動車，スポーツ用品，食品，化粧品
サービス：ホテル，保険，音楽・楽器，アミューズメント，美容，介護，就労管理
医療：薬品，病院，健康診断・管理，セキュリティ

図 5.13 感性の計測の産業応用が期待される分野と業種

る。今後は,図 5.12 のように快適なストレスを評価・認証できるような「**快適指標（activity index）**」が第 5 の製品指標として日本の製品やサービスに新たな付加価値を創出する原動力の一つになっていくことが予想される。このような感性の計測や快適指標の産業応用が期待される分野としては,図 5.13 に示す業種などが考えられる。

5.3.2 心理計測の技術

ここで,ストレスの評価を中心に,心理計測の方法を学んでいくことにしよう。そのためには,まずストレスと生体反応をつなぐ伝達制御系について理解しておく必要がある。人体に加えられたさまざまな刺激は感覚器で検知され,**末梢神経系**[†]（peripheral nervous system）を介して脳（中枢神経系）に伝達される。脳では,それらの刺激が認知され統合される。その命令は,下記の二つの内分泌系を介して全身に伝達され,亢進や抑制などの生体反応が起こると考えられている。

1） **SAM** system　　交感神経系－副腎髄質系（sympathetic nervous-adrenal medullary system）
2） **HPA** system　　視床下部－下垂体－副腎皮質系（hypothalamic-pituitary-adrenocortical system）

[用語解説]
† 末梢神経系は,運動,知覚など動物的機能を支配する**体性神経系**（somatic nervous system）と,呼吸・循環・消化・生殖などを自分の意思によらず自動的に調節する**自律神経系**（autonomic nervous system）に大別される。後者は,大脳の支配から比較的独立して働くと考えられたため,自律神経系と名づけられた。

3.1 節で述べたように,自律神経系には交感神経系と副交感神経系の二つの系統があり,一般的には両神経は多くの器官を二重支配し,しかも一方が促進的に,他方が抑制的に支配をすると説明されるが,その例外もある。

そして,交感神経系は「闘争の神経」とも呼ばれ,この神経が強く働くと心拍数の増大,血管の収縮,消化管の働きの低下などの作用が起こり,身体

が緊張した状態になる。

　一方，副交感神経系は「休息の神経」と呼ばれ，心拍数の低下，血管の拡張，消化液の分泌促進などの作用が起こり，身体がリラックスした状態になる。

　このような交感神経作用の研究は，キャノンによって1930年代に始まり，欧米ではFight-or-flight response（闘争か，逃走か）といわれてきた。ここで気をつけなければならないのは，自律神経は脳幹や脊髄からでており，その上位の中枢神経とも繋がっていて，脳と完全に独立して働いているわけではないということである。戦いの状態にあると判断するのは脳（こころ）であり，自律神経は脳の統御をもとに全身に指令を出しているのである。

図5.14は，5.3.3項で後述するストレスによる唾液アミラーゼ分泌の機序を説明したものであり，SAM systemでは副腎髄質などでノルエピネフリンなどのカテコールアミンが分泌され，HPA systemでは副腎皮質でコルチゾールなどのステロイドホルモンが分泌される。これらは，血液にのって全身の組織へと運ばれる。また，ノルエピネフリンは神経末端からも分泌されるので，直接神経作用もある。このように，生体のストレス反応には脳と神経系だ

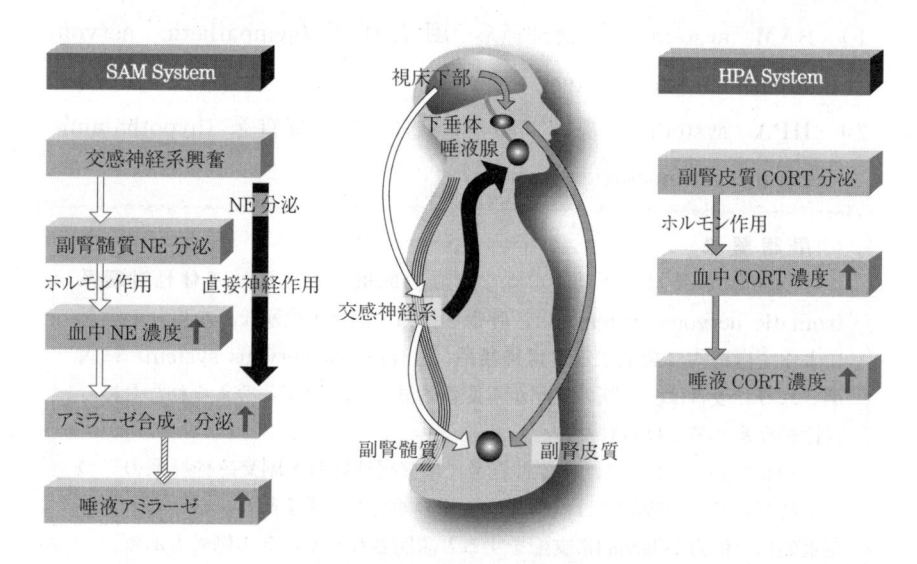

図5.14　ストレスとその伝達制御系の関係（SAM：sympathetic nervous-adrenal medullary, HPA：hypothalamic-pituitary-adrenocortical, NE：ノルエピネフリン，CORT：コルチゾール）

けでなく，内分泌系も深く関与している。

このほか，免疫系を加えて三系統とする説もあり，精神神経免疫学という研究領域も生まれている。例えば，積極的（ポジティブ），消極的（ネガティブ）などの心理状態が免疫機能に変動をもたらし，感染，アレルギーなどに対する生体の抵抗力に影響するという考え方である。もちろん，中枢神経系，内分泌系と免疫系とは，複雑な相互作用によって密接な関係にあり，これらを切り離して考えることはできないが，ストレスの伝達制御系を三系統と考えるべきかどうかには意見の分かれるところであろう。近年，このような免疫学的な視野に立ったストレス研究も積極的に行われているが，その機序はまだ十分に解明されているとはいえず，今後の発展が期待される。

ストレスの心理計測に用いられる基本的な方法は，表5.4のように物理計測と主観評価に分類できる。測定項目としては，体外から非侵襲計測できることと，脳機能・循環機能に重点が置かれている。特に，脳機能の検査には，5.2.1項で述べたMRI, PETなどの可視化技術が絶大な効果を発揮しつつある。さらに，ストレス研究の広がりに伴って，計測対象が多様化し，心理計測が対象とする範囲も多様化しつつある。

一方で，脳血流量やその酸素濃度などの物理量が，喜怒哀楽などの感性とどのような相関を持つかといった意味づけを行うアルゴリズムも重要である。な

表5.4 ストレスの心理計測に用いられる方法

測定法の分類	測定項目	原理
脳機能	脳血流量，脳の血中酸素濃度，脳波	光，電気
循環機能	血流量，血中酸素濃度，心電図，血圧，心拍数	電気，光，圧力
呼吸機能	呼吸数，呼気量，呼吸率（速さ）	圧力，電気
その他の機能	発汗，体温・皮膚温，眼球運動（瞬目）	湿度，温度，光，電気
自覚的測定	主観評価，自覚症状数，自覚疲労度	アンケート（STAI, POMS, NASA-TLXなど）*
他覚的測定	表情，態度，姿勢，動作所要時間，量的出力（作業量），質的出力（できばえ）	

* STAI：State-trait Anxiety Inventory（状態―特性不安検査），POMS：Profile Of Moods States, NASA-TLX：National Aeronautics and Space Administration Task Load Index（メンタルワークロードの主観評価）

ぜなら，ヒトはその生理機能や生理反応に多様性を示すものであり，これは**生理的多型性**(たけい)（physiological polymorphism）という概念で捉えられるのではないかと考える宮崎らのグループもある。多型性とは，同一生物種の個体が形態，形質，性質，性能において多様性を示す状態であり，生理的多型性とはそのうちの生理機能に着目したものである。

自律神経とストレスの研究は膨大であるが，ストレス反応に対する脳の役割に関する研究はそれに比べて遅れていた。いい換えれば，脳を中心としたストレス反応の中枢メカニズム研究は，可視化技術などの非侵襲計測技術が発達したおかげで飛躍的に進歩しつつある。

また，生体のストレス反応には内分泌系も深く関与しており，ストレスと関連した生物学的反応が生じることはすでに疑いようのない事実であるので，その解明には物理計測だけでは不十分である。よって，**表5.5**に挙げるような生化学物質も分析されている。おもに血液に含まれるものがほとんどであるが，非侵襲計測が望ましく，唾液や尿による分析の可能性が研究されている。特に，SAM system や HPA system に直接かかわるホルモンは，ストレス反応に関連する生化学物質であり，ストレス指標として多用されている。以下に，その他のストレス指標も含めてそれらの生理的特徴を説明する。

1） **コルチゾール**　　コルチゾール（cortisol, CORT）の化学名はヒドロコルチゾン（$C_{21}H_{30}O_5$）である。副腎皮質が分泌するホルモンはすべて**ステロイドホルモン**であり，コルチゾールはその一つである。糖代謝の活性が高いので，糖質（グルコ）コルチコイドと呼ばれる。血清の正常値は $10〜15$ ［$\mu g/dL$］である。ストレス反応により複数の副腎皮質ホルモンが分泌されるので（HPA system），その中でも濃度の高いコルチゾールが古くから**ストレス・ホルモン**として分析されてきた。

```
ステロイド ─┬─ 糖質（グルコ）コルチコイド ─┬─ コルチゾール
            ├─ 鉱質（ミネラル）コルチコイド  ├─ コルチコステロン
            └─ 性コルチコイド                └─ コルチゾン
```

2） **ノルエピネフリン**　　ノルエピネフリン（norepinephrine, NE）の化

表5.5 ストレスの心理計測に用いられる生化学物質

指標	項目	体液	特徴
神経系内分泌系	コルチゾール（CORT）	血液唾液	ストレス指標として古典的に用いられてきた。
	エピネフリン（EP）	血液	副腎髄質から分泌されるカテコールアミンの80％はエピネフリン。
	ノルエピネフリン（NE）	血液	ストレス指標として古典的に用いられてきた。ホルモンであると同時に神経伝達物質。血中濃度が低いため唾液での分析は困難。
	ドーパミン（DA）	血液	ノルエピネフリンとともに，神経伝達物質。
	クロモグラニンA（CgA）	唾液	副腎髄質クロム親和性細胞や交感神経から分泌される主要なタンパク質の一種で，精神的ストレスを反映。
	アミラーゼ（AMY）	唾液	唾液アミラーゼは，交感神経系の直接神経作用と，ノルエピネフリン作用の両作用で分泌される。
	セロトニン（EDTA）	血液骨髄液	生理的活性アミンの一種で，脳のセロトニンは神経伝達物質である。睡眠，体温，情緒・気分，食欲の調節に関係する。
	5-ハイドロキシインドール酢酸（5-HIAA）	尿	セロトニンの代謝物を測る中枢神経ホルモン検査で測定される。
	黄体刺激ホルモン（LTH）	血液	別名プロラクチン。生理作用は，乳腺の発育や乳汁分泌の開始など。ストレスに伴って変化。
	成長ホルモン（GH）	血液	別名ソマトトロピン。ストレスや運動で分泌が増加することが知られる。
	β-エンドルフィン	血液	内因性モルヒネ様ペプチドの一種。鎮痛活性が高く，快楽物質ともいわれる。
	副腎皮質刺激ホルモン（ACTH）	血液	視床下部の刺激で分泌され，副腎皮質のステロイド合成を促す下垂体前葉ホルモンで，朝高く夜低いという明瞭な日内変動がある。
免疫系	免疫グロブリン	血液	B細胞によって作られる抗体の一種で，IgAを測定することが多い。精神的ストレスとの関係があるとされる。
	ナチュラルキラー（NK）細胞活性	血液	がん細胞やウイルス感染細胞などから生体を防御する免疫活性の指標となる。
	インターロイキン（IL）	血液	サイトカインの一種で，脳内ストレス応答機構に関与している。
筋肉	乳酸（LacA）	血液	LDHによりピルビン酸から産生される解糖系代謝経路の最終産物。筋肉疲労は乳酸が蓄積されて起こる。

学名はアルテレノール（$C_8H_{11}NO_3$）である。ノルアドレナリンともいう。副腎髄質は，**カテコールアミン**を分泌し，副腎髄質から分泌されるカテコールアミンの80％はエピネフリンで，残りの大部分はノルエピネフリンである。

カテコールアミンの半減期は40秒と短いため血中濃度も低く，ノルエピネフリンの正常値は24時間尿で10〜90［μg/日］でしかない。血圧上昇，血管収縮，腸管運動の抑制，瞳孔散大などの作用を持つ。ノルエピネフリンとドーパミンは，ホルモンであると同時に，交感神経系の**神経伝達物質**（neurotransmitter）でもある。よって，ノルエピネフリンもストレス・ホルモンとして分析されてきた。

```
カテコールアミン ┬─ エピネフリン
                ├─ ノルエピネフリン
                └─ ドーパミン
```

3）**ドーパミン**　ドーパミン（dopamine, DA）の化学名は2-（3,4-ジヒドロキシフェニル）エチルアミン（$C_8H_{11}NO_2$）である。水に易溶で，酸化されやすい不安定な化合物である。マメ科植物にも遊離形で存在する。ノルアドレナリン，アドレナリンの前駆体となるカテコールアミンで，自らも神経伝達物質として働く。

4）**セロトニン**　セロトニン（serotonin, EDTA）の化学名は5-ヒドロキシトリプタミン（5-HT, $C_{10}H_{12}N_2O$）である。セロトニンの作用にはまだ不明な部分も多いが，脳では神経伝達物質，腸では運動促進性ホルモン，血小板では毛細血管収縮物質として働き，その役割は睡眠，気分，代謝，神経調節や筋肉の収縮などである。最近は，うつや摂食障害などの疾患との関連も指摘されている。

5）**免疫グロブリン**　免疫グロブリン（IgA）については3.1節を参照。

6）**ナチュラルキラー細胞**　ナチュラルキラー細胞（natural killer cell, NK cell）は血液中に存在する免疫細胞であるB細胞，T細胞につぐ第3のリンパ球と呼ばれる大型のリンパ球細胞で，細胞性免疫の生体防御機

能の一つとして働き，リンパ系組織や末梢血管中に存在する。がん細胞の成長や転移を妨げるがん細胞障害活性を示すことが明らかにされている。

これらすでに提案されているストレス指標の間でも，ときとしてさほど強い相関が得られないこともあり，感性やストレスの解明への道のりは平坦ではない。現在でも積極的に心理計測の新しい手法が研究されている。

5.3.3 化学量の計測技術

随時性，即時性や簡便性に優れたヒトの精神的ストレスの指標として，心拍数や血圧が測定されてきた。しかし，これらの指標は1）快適と不快の判別が不可能，2）**ホメオスタシス**（恒常性，homeostasis）により強い制御を受ける，3）平常値に対する変化が小さい，などの課題があった。一方，内分泌系のストレス指標として用いられているコルチゾールやノルエピネフリンなどのホルモンは，非侵襲的に採取できる唾液や尿に含まれる濃度が低く，短時間で簡便に分析することができない。

また，図5.14に示したように，ノルエピネフリンの作用には，ホルモン作用と直接神経作用の二つの制御系統が存在する。ホルモン作用では，ストレス負荷に対して血液中のノルエピネフリン濃度の変化が20〜30分遅れるという課題があったが，直接神経作用により唾液アミラーゼ分泌が亢進される場合には，応答時間が1〜数分と短く，ホルモン作用に比べて格段にレスポンスが速いことが判ってきた。すなわち，**唾液アミラーゼ**（salivary α-amylase）の活性を分析すれば，唾液腺が低濃度のノルエピネフリンの増幅器の役割を果たすだけでなく，ホルモン作用よりも鋭敏に反応する優れた指標となりうると期待できる。

唾液アミラーゼ分析において，唾液を検体として用いることにより達成できる随時性，即時性，簡便性といった長所を十分に活用するには，ドライケミストリーによる酵素活性の定量が適していると考えられるが，試験紙で十分な量の基質を供給するとともに，反応時間を制御する機構が新たに必要となる。

148　5. 生体の計測

図 5.15 には，唾液アミラーゼ活性の分析のために開発された携帯式の唾液アミラーゼ活性分析装置を示す．これは，5.2.1 項で述べた検体計測の一つであり，体液（唾液）の化学物質濃度の分析を行うものである．使い捨て式の採取ストリップで直接口腔から全唾液の採取を行い，唾液転写機構で採取ストリップを試薬ストリップに圧着して唾液を転写することで，酵素の反応時間を制御する．唾液アミラーゼ活性を発色濃度変化で測定するため，試薬ストリップには Gal-G 2-CNP（2-chloro-4-nitrophenyl-4-O-β-D-galactopyranosyl-maltoside）という**色原体**（chromogen）が用いられており，これはアミラーゼの基質として作用する．この分析装置では，測定時間 60 秒で濃度範囲 0 から 200 [kU/L] の唾液アミラーゼ活性を分析できる．

図 5.16 は，一桁の足し算を継続して行うクレペリンテスト（Kraepelin

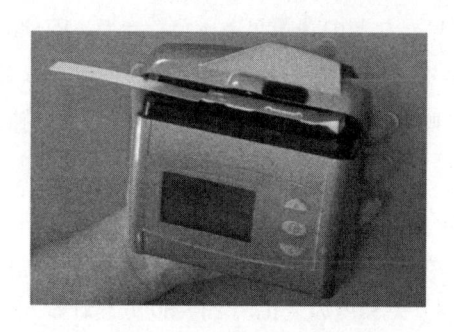

図 5.15　携帯式の唾液アミラーゼ活性分析装置（富山大学，ヤマハ発動機(株)，ニプロ(株)）

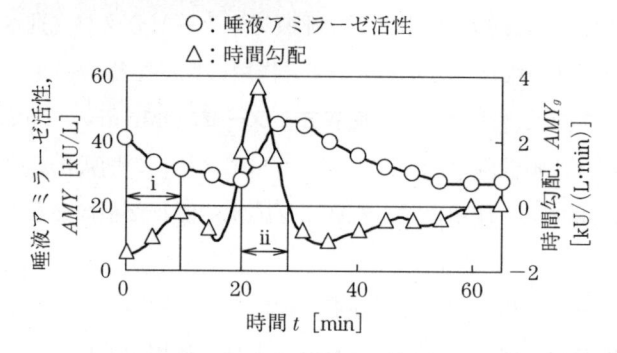

図 5.16　精神的ストレスによる唾液アミラーゼ活性とその時間勾配の変化（i：マッサージによるプリストレスの緩和，ii：クレペリンテスト）

psychodiagnostic test）という心理検査手法を精神的ストレッサーとして，唾液アミラーゼ活性を経時的に繰返し分析した結果を示す。ストレスを加え始めてから唾液アミラーゼ活性が最大値を示すまでの時間は 10 分以内，復帰するのに要する時間は 20 分程度であり，心拍などと比べてもストレス負荷に対して比較的速い応答である。また，唾液アミラーゼ活性の絶対値だけでなく時間勾配を用いると，快・不快のストレス反応に対応して符号が逆転する現象も観察され，快適と不快の判別が可能であることが山口により示されている。

5.3.4 電気量の計測技術

すべての細胞において，静止状態の細胞膜の両側，すなわち細胞内と細胞外の液にはその細胞膜のイオン透過性によって一定の電位差が存在し，これを**膜電位**（membrane potential）という。通常，細胞内が数十［mV］負に帯電している。また，細胞膜が刺激によって興奮すると，膜電位が急激に低くなり（脱分極），電気パルスを生じる。このように，生体はその活動に伴って電気を発生し，これを**生体電気現象**（bio-electrical phenomena）という。神経や筋肉は，典型的な興奮性細胞である。

脳波（electroencephalogram, EEG）は，1〜100［μV］程度の微小な脳の電位変動であり，バーガー（H. Berger）によって初めて記録された。通常は，国際的な基準により定められた頭皮上の決められた位置に電極を 10〜20 ヶ所，最大で 64 ヶ所装着し，同時に計測する。そして，脳波は下記の四種類に分類されている。

1) α（アルファ）波　覚醒時に，静かな環境で目を閉じて精神の安静を図ったときに顕著に観察される周波数が 8〜13［Hz］の脳波である。
2) β（ベータ）波　覚醒時に，感覚刺激が与えられたり精神活動を行ったりしたときに顕著に観察される周波数が 13［Hz］以上の脳波である。
3) θ（シータ）波　入眠時のうとうとしたときに顕著に観察される 4〜8［Hz］の脳波で，不機嫌な状態でも発生する。
4) δ（デルタ）波　睡眠初期に顕著に観察される 4［Hz］未満の脳波

で，δ波が出ていれば睡眠に入ったと判断される。

これら脳波の発生機序は十分に解明されておらず，中枢神経系との関連が研究されている。ただし，被検者の生体電気現象に起因して脳波測定に混入してくる電気信号には，筋電，眼球運動，心電，発汗などがあり，しかも筋電は0.01〜10［mV］，眼球運動は5〜200［μV］と脳波よりも電圧が大きく，心理計測に用いる場合には測定条件に制約が大きい。

図5.17には，臨床用に開発された脳波計を示す。5.2.1項で述べた体表計測の代表例である。てんかんの診断に必須で，脳炎や脳症による脳障害の有無の診断，治療薬の有効性の確認などにも用いる。なお，医療分野においても情報の**ディジタル化**が進展しており，現在市販されている脳波計も脳波信号を

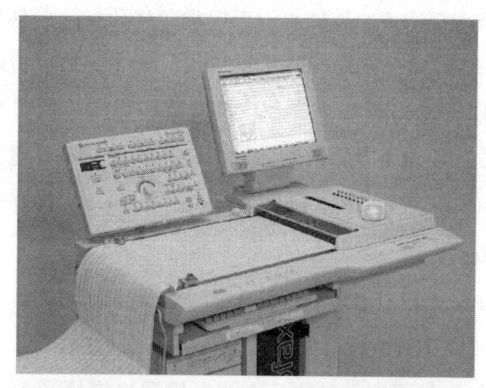

（a）脳波計の外観

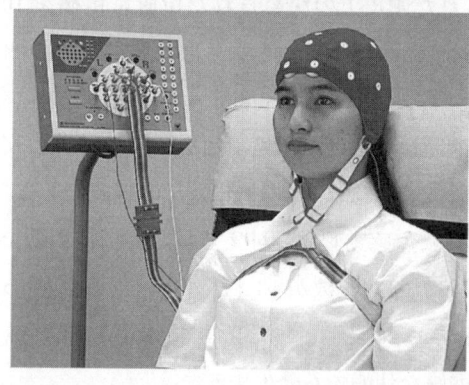

（b）脳波の測定に用いる電極キャップ

図5.17 臨床用に開発された脳波計
（日本光電工業(株)，EEG-1518）

A-D変換（analog-to-digital conversion）することで，測定データを転送する際のアナログノイズの影響を除いたり，また測定結果を電子ファイルとして電子媒体に保存することができるような改良がなされている．

5.3.5 光学量の計測・画像解析技術

心理計測に限らず，光を用いた生体計測の代表的な方法として**近赤外分光法**（near-infrared spectroscopy，**NIRS**）がある．可視光線に近い800～2500 [nm] の波長領域の電磁波を近赤外（線）といい（図5.3を参照），被測定対象に含まれる分子の振動によって近赤外波長領域における光の吸収現象を利用して，被測定対象の物理的性質を計測する．近赤外は，比較的生体の皮膚や骨を透過しやすく，かつ血液中の**ヘモグロビン**（hemoglobin，Hb）に吸収されやすいという特長があるので生体計測に適しており，生体の血液量，血流量，酸素代謝量などの非侵襲計測に応用されている．

図5.18には，近赤外分光法を用いた脳機能の計測診断装置の外観を示す．

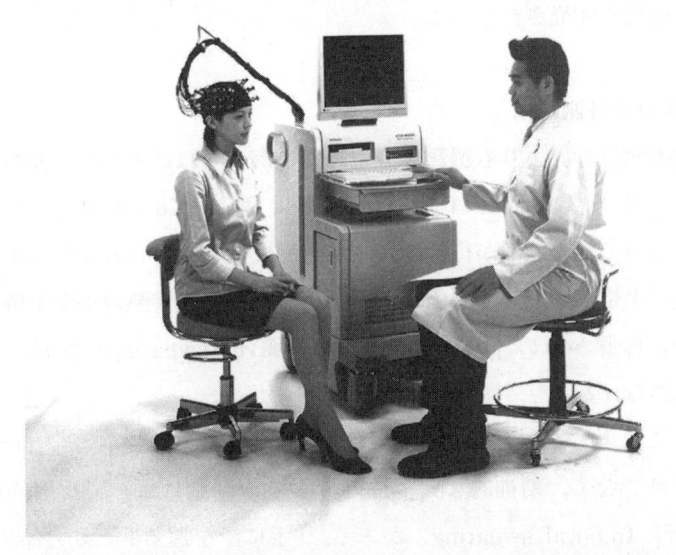

図5.18 近赤外分光法を用いた脳機能の計測診断装置の外観（(株)日立メディコ，同時測定点数：52点，光トポグラフィー装置 ETG-4000，光トポグラフィーは(株)日立製作所の登録商標）

これは，5.2.1項で述べた体表計測の一つである。近赤外分光法を用いた脳機能の計測では，発光素子（半導体レーザ）と受光素子が数十［mm］程度の一定間隔で配置されたプローブを頭皮表面に装着する。照射された近赤外は，脳組織内で乱反射を繰り返してその一部が受光素子に到達する。近赤外は，脳組織を通過する間に血液中のヘモグロビンで吸収されるので，反射光を調べると近赤外が通過した局部的な領域のヘモグロビン濃度の変化を知ることができるのである。発光素子と受光素子の間隔が30［mm］のとき，理論的には両素子の中点から20［mm］下を中心とした領域が測定されることとなり，これは成人の**大脳皮質**（cerebral cortex）の位置にほぼ相当すると考えられる。

この装置の場合，使用する近赤外線の波長は780［nm］と830［nm］で，酸化ヘモグロビン濃度変化，還元ヘモグロビン濃度変化，および総ヘモグロビン濃度変化を計測できる。同時測定点数は最大52点あり，左右差など複数ヶ所を同時計測できる。五つのファイバープローブを頭部に装着することで，120点で大脳皮質の前頭葉，左右側頭葉，頭頂葉，後頭葉の全大脳領域を同時に測定できる機種も開発されている。

5.3.6 物理量の計測技術

ヒトの皮膚表面は外界よりも湿潤なので，ここからつねに水分の蒸発が行われており，これを不感蒸泄という。水の蒸発には，0.578［kcal/g］の気化熱を必要とするので熱の放散が行われ，体温調節に役立っている。何らかの理由で体内の熱産生量が増大し，熱伝導や不感蒸泄だけでは体熱の平衡が得られないときには，汗腺からの汗の分泌，すなわち**発汗**（sweating）が起こる。汗は血液から作られる。

発汗には，このような熱放散の手段として行われる温熱性発汗（thermal sweating）だけでなく，精神的な興奮や外界からの刺激によって反射的に起こる精神性発汗（mental sweating）がある。「手に汗を握る」とか「冷や汗」は，この精神性発汗作用を経験的に現してできた言葉であろう。そして，温熱性発汗が掌と足底を除く全身で行われるのに対して，精神性発汗は逆に掌，足

底，腋（わき）で起こる。

　さて，ヒトの体温調節機構の調節中枢は視床下部にあり，汗腺の機能は交感神経性の自律神経支配を受けている。精神的興奮は，大脳のさまざまな部位にかかわりを持ち，それらの興奮が体温の調節中枢の活動にも多様な影響を与え，発汗を引き起こすのであろう。発汗量を測定する装置としては，図5.19に示す発汗計がある。これも，5.2.1項で述べた体表計測の一つである。

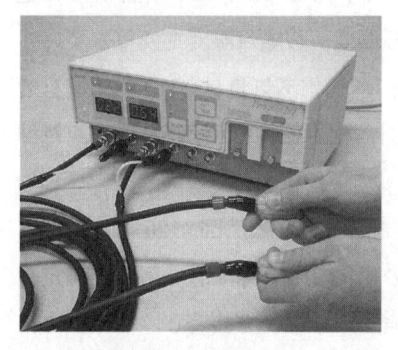

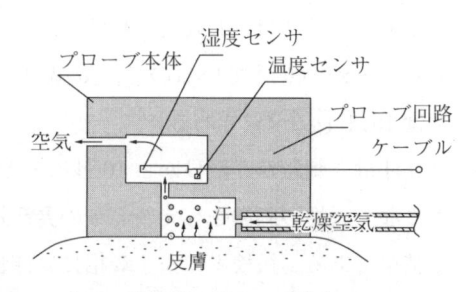

（a）発汗計の外観　　　　　　（b）発汗計のプローブ構造

図5.19　発汗計の外観とその仕組み（スズケン(株)，Perspiro 201）

　湿度センサ（静電容量式），温度センサと乾燥空気供給路を内蔵した発汗量検出プローブを被検者の親指などに密着するよう握り締めると，親指の皮膚表面に分泌された汗が蒸発するので，その湿度変化から単位面積，単位時間当りの発汗量 [mg/(cm²・min)] を経時的に測定するものである。

　この原理を理解するためには，まず湿度の定義について知る必要がある。湿度とは，空気中に含まれる水蒸気の量であり，絶対湿度と相対湿度が用いられている。空気の密度 ρ_{air} は，その中に含まれている水蒸気の密度 ρ_{water} と気体の密度 ρ_{dry} の和として次式で表される。

$$\rho_{air} = \rho_{water} + \rho_{dry} \ [\text{g/m}^3] \tag{5.1}$$

この ρ_{water} を**絶対湿度**（absolute humidity）という。一方，水蒸気の密度は水の蒸発によって増加するが，その量には限度があり最大量を**飽和水蒸気密度**（saturation vapor pressure，ρ_{sat}）という。**相対湿度**（relative humidity,

RH）とは，飽和水蒸気密度を100としたときにその何％の水蒸気が含まれているかを表すものであり，次式で表される。

$$\mathrm{RH} = \frac{\rho_{\mathrm{water}}}{\rho_{\mathrm{sat}}} \times 100 \ \% \tag{5.2}$$

一般に用いられている湿度とは，この相対湿度のことである。**湿度センサ**は，水分子の吸着によりイオン伝導性が変化することから相対湿度％を求め，電気信号に変換する素子として開発されている。ところが，この発汗計では絶対湿度を求める必要があるので，相対湿度と温度から絶対湿度を換算しているのである。例えば，1気圧における20［℃］の飽和蒸気量は17.3［g/m³］であることがわかっているので，気温20［℃］，相対湿度60％のとき，絶対湿度は10.4［g/m³］である。

発汗は，刺激から数秒から10秒ほどで引き起こされる。**図5.20**には，さまざまな一過性の刺激を与えたときの発汗量の変化をこの発汗計を用いて測定した結果である。被検者の左手親指に発汗量検出プローブを装着し，鼻の横を自分の右手指で搔かせたのが触覚刺激，被検者に対してボールを投げてそれを右手で受け取らせた（ボールキャッチ）のが視覚刺激，そして被検者の後ろに回り耳の横で突然手をたたいたのが聴覚刺激である。このとき，刺激から発汗が

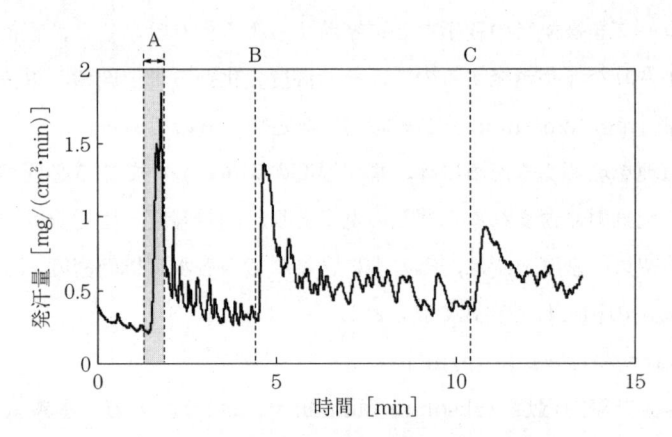

図5.20 さまざまな刺激による発汗量の変化
（A：触覚，B：視覚，C：聴覚）

ピークに至るまでの時間は，触覚刺激が 15 [s]，視覚刺激が 7 [s]，聴覚刺激が 11 [s] であった。

　以上述べてきたように，ヒト感性やストレス研究のために，心理計測手法は非侵襲でかつ随時性，即時性や簡便性に優れた生化学物質の分析手法と，fMRI や PET などの脳機能解析手法の二つの方向に急速に発展しつつある。前者は，いままで不可能であった幅広い状況におけるヒトのストレス反応に新たな知見を蓄積するのに貢献し，後者は脳機能を中心としたストレス反応の機序解明への貢献が期待できる。これらが相互に補完しあって，いままで不可能とされてきたストレスの定量評価が現実のものとなる日が来ることが期待される。

❖❖❖❖❖❖❖ 演 習 問 題 ❖❖❖❖❖❖❖

1. 非侵襲計測の意味を説明し，侵襲計測と非侵襲計測がどのような考え方に基づいて区別できるかを説明せよ。
2. 無拘束計測と無意識計測の違いを説明せよ。
3. ストレスの心理計測に用いられる方法について，例を挙げて説明せよ。
4. X 線 CT と PET の原理の違いを，利用する電磁波から説明せよ。
5. 光を用いた生体計測において，近赤外が適している理由を説明せよ。

付録
生命と倫理

1 工学倫理

　自分たちが所属する社会において，善悪を判断する基準として一般的に認められている約束事を**道徳**（モラル，moral）という言葉で表す．日本でも良心，正直，謙譲などが美徳とされ，これは人の行なうべき道であることを私たちは知っている．そして，道徳は，法律のように他から強制されるものではなく，個人の内面に備える（体得する）ことが生きていくうえで必要とされている．**倫理**（学）とは，ethics の訳語として哲学者の井上 哲次郎が使ったのが最初で，その概念は道徳と同じと考えてよいだろう．**工学倫理**（engineering ethics）とは，技術に関連する者が守るべき道徳を指し示すものである．直訳すると，「技術の実践において自らの意思で守るべき道や規範」のことである．

　ただ，科学技術の発展に伴って一つの新しい技術が全人類に及ぼす影響は非常に大きくなり，倫理の実践は他から強制されるものではないとはいっても，一個人，一企業の良心に全面的に依存するにはあまりにも危険でありすぎると考えられるようになってきた．例えば，自分の分身が勝手に作られるかもしれないという可能性を秘めた「ヒトクローン技術」などをめぐる議論もその一つである．そこで，各種団体によって工学倫理に関しても倫理規定が明文化されている．工学倫理とは何かを理解するために，以下に日本で屈指の規模を有する二つの工学系学会の倫理規定を示す．これらから，その概念を考えみよう．

1 工　学　倫　理

電気学会倫理綱領（http://www.iee.or.jp/honbu/rinrikouryou.html）

1. 人類と社会の安全，健康，福祉に貢献するよう行動する。
2. 自らの自覚と責任において，学術の発展と文化の向上に寄与する。
3. 他者の生命，財産，名誉，プライバシーを尊重する。
4. 他者の知的財産権と知的成果を尊重する。
5. すべての人々を人種，宗教，性，障害，年齢，国籍に囚われることなく公平に扱う。
6. 専門知識の維持・向上につとめ，業務においては最善を尽くす。
7. 研究開発とその成果の利用にあたっては，電気技術がもたらす社会への影響，リスクについて十分に配慮する。
8. 技術的判断に際し，公衆や環境に害を及ぼす恐れのある要因については，これを適時に公衆に明らかにする。
9. 技術上の主張や判断は，学理と事実とデータにもとづき，誠実，かつ公正に行う。
10. 技術的討論の場においては，率直に他者の意見や批判を求め，それに対して誠実に論評を行う。

日本機械学会倫理規定綱領

（http://www.jsme.or.jp/notice36.htm#rinrikitei）

1. （技術者としての責任）会員は，自らの専門的知識，技術，経験を活かして，人類の安全，健康，福祉の向上・増進を促進すべく最善を尽くす。
2. （社会に対する責任）会員は，人類の持続可能性と社会秩序の確保にとって有益であるとする自らの判断によって，技術専門職として自ら参画する計画・事業を選択する。
3. （自己の研鑽と向上）会員は，常に技術専門職上の能力・技芸の

> 向上に努め，科学技術に関わる問題に対して，常に中立的・客観的な立場から正直かつ誠実に討議し，責任を持って結論を導き，実行するよう不断の努力を重ねる。これによって，技術者の社会的地位の向上を計る。
>
> 4．（情報の公開）会員は，関与する計画・事業の意義と役割を公に積極的に説明し，それらが人類社会や環境に及ぼす影響や変化を予測評価する努力を怠らず，その結果を中立性・客観性をもって公開することを心掛ける。
>
> 5．（契約の遵守）会員は，専門職務上の雇用者あるいは依頼者の，誠実な受託者あるいは代理人として行動し，契約の下に知り得た職務上の情報について機密保持の義務を全うする。それらの情報の中に人類社会や環境に対して重大な影響が予測される事項が存在する場合，契約者間で情報公開の了解が得られるよう努力する。
>
> 6．（他者との関係）会員は，他者と互いの能力・技芸の向上に協力し，専門職上の批判には謙虚に耳を傾け，真摯な態度で討論すると共に，他者の業績である知的成果，知的財産権を尊重する。
>
> 7．（公平性の確保）会員は，国際社会における他者の文化の多様性に配慮し，個人の生来の属性によって差別せず，公平に対応して個人の自由と人格を尊重する。

　この二つを見比べると，いずれも単に電気工学，機械工学という枠にとらわれることなく，科学技術全般を視野に入れて技術者がとるべき行動を示しているとともに，一般市民の福祉と利益の向上を重視していることが読み取れる。

　さて，技術を実践する場は，多くの人にとって企業であり，そこでも倫理的な企業風土が求められている。この場合，技術者が直面するジレンマの一つは，企業として社会的責任を果たすことと，経済性を追求するという"相反する"課題をどのように両立していくかということである。ここでは，安全を例にとって考えてみる。ローランス（W. W. Lowrance）が**安全**（safety）の概

念を「そのリスクが受け入れられると判断されれば，ある物事は安全である」と述べているように，安全と絶対という概念は両立しないと考えるのが一般的である。松原も，そのリスク論において，危険性の定量的な表現として「どうしても避けたい事象」の起こる確率を示している。

例えば，命を失うことはどうしても避けたいことの一つであるが，自動車などの交通利用には交通事故死の危険性，都市部での生活には大気汚染による発がんの危険性，食物には残留農薬による発がんやウイルス性疾患感染の危険性がある。死の危険を避けるには，これらを利用しなければいいのだが，現実には自動車保有台数は増大の一途をたどり，人口の都市部への一極集中や食料輸入も増える一方である。すなわち，私たちは危険性の存在はある程度認識しているが，自分にとってメリットがあるからリスクを許容して選択（利用）していることになる。このように，ヒステリックに絶対安全を求めることは，科学的にも不可能なのである。

私たちは，**利益**（ベネフィット，benefit）と**危険**（リスク，risk）を判断し，科学技術を利用していかなければならない。その判断基準を与えるものの一つにリスク-ベネフィット分析があり，公共事業などの巨大プロジェクトでは，投資と国民の福利をはかりにかけてきた。工学倫理は，私たちにとってますます重要な判断基準の一つとなっていくであろう。

2 遺伝子工学にかかわる規制と生命倫理

遺伝子工学にかかわる規制は，遺伝子組換え技術の研究や産業応用による「安全確保」に関するものと，遺伝子組換え技術によって作り出された生物を使用することによる「環境への影響防止」に関するものに大別される。前者については，遺伝子工学を行う人に対する安全を目的とするといい換えることができ，法律でなく大学などの教育機関と産業界を対象とした指針という形で規制を行っている。後者については，遺伝子工学技術を受け入れる環境に対する安全を目的とするといい換えることができる。日本では遺伝子組換え農作物・

食品の，消費者に対する安全性評価指針は定められていたが，より広い環境に対する影響は国際的にカルタヘナ議定書が2000年1月に採択されたことにより法律案が検討されている段階である。また，遺伝子工学が人の生命活動と密接な関係にあることから，生命倫理に関する指針は各種の機関で検討されている。

2.1 安全確保に関する規制

〔1〕 **大学等の研究機関等における組換えDNA実験指針**（文部科学省）

目　的　　大学等の文部科学省管轄の教育機関で組換えDNA実験を計画，実施する場合に守るべき安全に関する基準を示し，実験の安全な実施を図ることを目的とする。

対　象　　大学等の文部科学省管轄の教育機関において行われる組換えDNA実験を対象とする。

基本的考え方　　物理的封じ込めと生物学的封じ込めを適切に組み合わせて安全を確保する。物理的封じ込めは，組換え体を施設，設備内に封じ込めることにより，実験技術者その他のものへの伝搬および外界への拡散を防止する。物理的封じ込めのレベルは，実験の種類によりP1レベルからP4レベルとし，各レベルに応じた封じ込めの設備，実験室の設計および実験実施要領が定められる。ただし，培養規模が20Lを越える大量培養実験の場合には，LS-Cレベル，LS-1レベルおよびLS-2レベルの各レベルに応じた封じ込めの設備，実験室の設計および実験実施要領に従う。生物学的封じ込めは，特定の宿主-ベクター系を用いることにより，組換え体の環境への伝搬，拡散を防止する。生物学的封じ込めのレベルは宿主の種類によってB1レベルおよびB2レベルに分けられる。すべての組換えDNA実験は安全度評価を行い，宿主-ベクター系により，大臣承認実験，機関承認実験，機関届出実験，適用外実験の安全度に分類される。

〔2〕 **組換えDNA技術工業化指針**（経済産業省）

目　的　　組換えDNA技術を工業化しようとする事業者の安全確保のため

の基本的要件を示し，自主的な安全確保によってその技術の適切な利用を促進することを目的とする。

対　象　　細胞内で複製可能なDNAと異種のDNAとの組換え分子を酵素などを用いて試験管内で作製し，それを生細胞に移入し異種のDNAを複製させる技術を組換えDNA技術と定義する。組換え体の生産や販売，組換え体を利用した物質の生産や処理を行う者を事業者と定義し対象としている。

基本的考え方　　人為的に外界から隔離された条件下で組換え体を利用する第一種利用と，自然条件下の限定された区域で組換え体を利用する第二種利用に分けて，宿主，組換え体DNAおよび組換え体の安全性評価を行う。宿主を安全性のレベルにより，GILSP（優良工業製造規範）取扱い，カテゴリー1取扱い，カテゴリー2取扱いおよびカテゴリー3取扱いに分類し，それぞれに設備・装置，運転管理方法，安全管理方法等を定めている。

2.2　環境への影響防止に関する規制

日本では遺伝子組換え農作物・食品の消費者に対する安全性確保という観点から，以下の指針が定められてきた。
- 農林水産分野等における組換え体の利用のための指針（農林水産省）
- 組換えDNA技術応用食品・食品添加物の安全性評価指針（厚生労働省）
- 組換え体利用飼料の安全性評価指針（農林水産省）
- 組換え体利用飼料添加物の安全性評価指針（農林水産省）

しかし，遺伝子工学で作り出されたものから影響を受ける可能性があるのは，それを食物とする人だけではない。遺伝子組換え生物が生存する環境すべてがその影響を受けるといっても過言ではない。遺伝子組換え生物の使用による生物多様性への悪影響を防止することを目的とした「生物の多様性に関する条約のバイオセーフティーに関するカルタヘナ議定書」が2000年に採択された。

日本ではこの議定書を受けて，「遺伝子組換え生物等の使用等の規制による生物の多様性の確保に関する法律案（カルタヘナ議定書国内担保法）」が2003

年6月に国会を通過した。

目　的　　国際的に協力し，生物の多様性の確保を図るため，遺伝子組換え生物等の規制に関する措置を講ずることにより，議定書の的確かつ円滑な実施を確保し，もって人類の福祉に貢献するとともに現在および将来の国民の健康で文化的な生活の確保に寄与することを目的とする。

対　象　　遺伝子組換え技術を用いた実験，製造および製品をすべて対象としている。

基本的考え方　　遺伝子組換え生物等の使用を，環境中への拡散を防止しないで行う「第1種使用等」と，環境中への拡散を防止しつつ行う「第2種使用等」に分けて，講ずる措置を定める。第1種使用等では，新規の遺伝子組換え生物等の環境中での使用を行おうとする開発者や輸入者は，事前に使用規程を定め，生物多様性影響評価等を添付し，主務大臣の承認を受けることを義務づける。第2種使用等では，施設の拡散防止措置が定められている場合には，その措置を義務づけ，定められていない場合には，あらかじめ主務大臣の確認を受けた拡散防止措置をとることを義務づける。

2.3　遺伝子工学の生命倫理

〔1〕　**ヒトゲノム・遺伝子解析研究に関する倫理指針**（文部科学省，厚生労働省および経済産業省の共同策定）

目　的　　研究現場で遵守され，社会の理解と協力を得て，人間の尊厳および人権が尊重され，その適正な研究の推進が図られることを目的としている。この指針は，すべてのヒトゲノム・遺伝子解析研究に適用されるべき倫理指針として策定されたものである。

対　象　　ヒトゲノム・遺伝子解析研究をすべて対象としている。

基本的考え方

1）　人間の尊厳に対する十分な配慮
2）　事前の十分な説明と自由意思による同意（インフォームド・コンセント）

3）　個人に関する情報の保護の徹底
4）　人類の知的基盤，健康，福祉へ貢献する社会的に有益な研究の実施
5）　個人の人権保障の科学的，社会的利益に対する優先
6）　本指針に基づく研究計画の作成，遵守および事前の倫理審査委員会の審査，承認による研究の適正性の確保
7）　研究の実施状況の第三者による調査と研究結果の公表を通じた研究の透明性の確保

以上の基本方針を実践するために，研究者，研究責任者，研究実施機関の長，個人識別情報管理者，倫理委員会等の責務を定めている。

〔2〕 **遺伝子解析研究に付随する倫理問題等に対応するための指針**（厚生労働省）

目　的　　遺伝子解析研究は，研究への協力を要望された人，その家族や血縁者，さらには同じような病気にかかっている他の患者の視点に立って進められるべきである。この考え方に基づき，試料等を提供する人の人権を守ることと適切な研究の実施を両立させることを目的とする。

対　象　　遺伝子解析研究をすべて対象とし，研究現場での理解と遵守を求めている。

基本的考え方

1）　試料等提供者の意思の尊重　　研究への協力を要望された人は，研究を行う者から十分な情報の提供を受けるべきである。そのうえで，研究への協力を要望された人は，その自由意思に基づいて協力または非協力を決めるべきである。
2）　倫理審査委員会の審査および外部の者の調査　　研究責任者は，責任体制および実施体制を明確にした研究計画を策定し，事前に倫理審査委員会の審査を受けるべきである。試料等提供者またはその家族等の人権が守られるように，研究の実施状況は，外部の有識者によって実地に調査され，研究実施機関の長に報告されるべきである。
3）　試料等提供者の人権　　研究を行う者は，法令，この指針および研究

計画を遵守し，研究の遂行に当たっては，適切なインフォームド・コンセント，身体的安全性およびプライバシー保護など，試料等提供者またはその家族等の尊厳および人権を尊重すべきである。そのために，研究実施機関は，試料等提供者の個人識別情報保護のために，個人識別情報を厳重に管理する手続きおよび設備などの体制を整えるべきである。

4) **既提供試料**　すでに収集されている試料等の研究利用の可否は，試料等が集められた時の同意の有無または内容を踏まえ，倫理審査委員会の審査に基づいて研究実施機関の長が決定するべきである。

5) **遺伝カウンセリング**　試料などの提供が行われる機関は，試料等提供者またはその家族等を対象とした遺伝カウンセリングを必要に応じて行えるよう，その体制を整備するべきである。

6) **研究の透明性**　研究を行う者は，遺伝子解析研究の実施状況について，試料等提供者またはその家族等に対しさまざまな機会をとらえて説明すべきである。研究に責任を持つ者は，試料等提供者またはその家族等の人権侵害が生じない範囲で，研究の状況を広く社会に公開するべきである。

〔3〕 **手術等で摘出されたヒト組織を用いた研究開発のあり方について**（厚生科学審議会）

目　的　新医薬品の研究開発において，薬物の代謝や反応性に関しヒト―動物間に種差があり，動物を用いた薬理試験等の結果が必ずしもヒトに適合しないことがある。ヒトの組織を直接用いた研究開発により，人体に対する薬物の作用や代謝機序の正確な把握が可能となることから，無用な臨床試験や動物実験の排除，被験者の保護に十分配慮した臨床試験の実施が期待できるとともに，薬物相互作用の予測も可能となる。また，このように新薬開発を効率化するだけでなく，直接的にヒトの病変部位を用いることによって，疾病メカニズムの解明や治療方法，診断方法の開発等に大きく貢献できるものと期待される。しかし，ヒト組織を用いた研究開発を進めるためには，提供者の意思確認や倫理的側面の検討が不可欠である。このような背景から，それらを含めてヒ

ト組織の利用のための手続きを明確化することを目的とする。

　対　象　　医薬品の開発研究すべてを対象とする。

　基本的考え方　　ヒト組織を研究開発に利用するために必要とされる要件を以下のように定める。

1）　組織を摘出する際の説明と同意　　どのような場合であれ，ヒト組織を研究開発に利用するためには，組織を摘出する施術者が，医療の専門家でない提供者にも理解ができるように十分な説明を行ったうえで文書による同意を得る必要がある。その際には，適正な医療行為による手術で摘出された組織の一部が研究開発に利用されること，そのために非営利の組織収集・提供機関に提供されることなどについても説明し，同意を得る必要がある。

2）　ヒト組織を用いた研究開発の事前審査・事後評価　　倫理委員会を医療機関，組織収集・提供機関，研究開発実施機関のそれぞれの機関において設置する必要があり，その倫理委員会の構成に当たっては，医学の専門家でないものの参画を求める。

3）　ヒト組織を用いた研究開発の経費負担のあり方　　ヒト組織の提供はあくまでも善意の意思による無償提供で行われるべきものであって，利益の誘導があってはならない。

4）　ヒト組織に関する情報の保護および公開　　提供者個人が特定されうる情報については，厳に管理され，漏洩されることがあってはならない。ヒト組織を用いた研究開発によって得られた結果は，一定期間を経たのち公表するものとする。

参　考　文　献

2004年現在で購入可能なものを記載した。

1章
1) トーマス・クーン 著，中山　茂 訳：科学革命の構造，みすず書房（1971）
2) 山崎弘郎 編著：計測工学ハンドブック，朝倉書店（2001）
3) 山越憲一，戸川達男：生体用センサと計測装置，コロナ社（2000）
4) 国立天文台 編：理科年表，丸善（2002）
5) 日本規格協会 編：JIS Z 8202-0：2000 量及び単位，日本規格協会（2000）
6) 岡田　功 編：化学の単位・命名・物性早わかり，オーム社（1993）
7) 佐藤温重，石川達也，桜井靖久，中村晃忠 編：バイオマテリアルと生体，中山書店（1998）
8) 宮入庄太：電気・機械エネルギー変換工学，丸善（1976）
9) 都甲　潔，宮城幸一郎：センサがわかる本，オーム社（2002）
10) 本田徳正，茂木仁博，角田浩二 著：電気回路計算法，日本理工出版会（1996）

2章
1) 日経サイエンス編集部 編：異説・定説　生命の起源と進化，日経サイエンス社（2000）
2) 今掘和友，山川民夫 監修：生化学辞典 第2版，東京化学同人（1990）
3) 日野明寛：ぜひ知っておきたい　遺伝子組換え農作物，幸書房（1999）
4) 中村祐輔：改訂 先端のゲノム医学を知る，羊土社（2000）
5) NHK「人体」プロジェクト：驚異の小宇宙・人体Ⅲ　遺伝子・DNA　⑥パンドラの箱は開かれた―未来人の設計図―，日本放送出版協会（1999）
6) 井出利憲：分子生物学講義中継　Part 1，羊土社（2002）（4章でも有用）
7) 大朏博善：ES細胞，文藝春秋（2000）
8) E. M. ブラドベリー 著，柳田充弘，丹羽修身，丹羽妙子 訳：DNA・クロマチン・染色体―発展する分子遺伝学―，培風館（1997）

9) リー・M. シルヴァー 著，東江一紀，真喜志順子，渡会圭子 訳：複製されるヒト，翔泳社（1997）
10) 村上康文，古谷利夫 編：バイオインフォマティクスの実際，講談社サイエンティフィク（2003）
11) 川合知二 監修：ナノテクノロジー大事典，工業調査会（2003）
12) M. シェーナ 編，加藤郁之進 監訳：DNA マイクロアレイ，丸善（2000）

3章

1) J. エデルマン，J. M. チャップマン 著，坂本 清 訳：目でみる生化学，三共出版（1981）
2) 寺山 宏：基礎生化学 三訂増補版，裳華房（1993）
3) D. ヴォート，J. ヴォート 著，田宮信雄 訳：ヴォート生化学 第2版（上），（下），東京化学同人（1998）
4) 矢田純一：免疫 からだを護る不思議なしくみ 第2版，東京化学同人（1995）
5) J. N. イスラエルアチヴィリ 著，近藤 保，大島広行 訳：分子間力と表面力 第2版，マグロウヒル出版（1996）
6) F. B. ベル 著，大沢利昭 監訳：高速液体クロマトグラフィー，東京化学同人（1992）
7) J. クラウセン 著，佐々木 實 監訳：免疫化学的同定法 第3版，東京化学同人（1993）
8) 相澤益男，山田秀徳 編：バイオ機器分析入門，講談社サイエンティフィク（2000）
9) 工業調査会 編：これでわかるセンサ技術，工業調査会（2000）
10) 山口昌樹，高井規安：唾液は語る，工業調査会（1999）

4章

1) 相澤益男，山田秀徳 編：バイオ機器分析入門，講談社サイエンティフィク（2000）
2) 神谷 瞭，井街 宏，上野照剛：医用生体工学，培風館（2000）
3) 今掘和友，山川民夫 監修：生化学辞典 第2版，東京化学同人（1990）
4) 春田正毅，鈴木義彦，山添 昇：センサ先端材料のやさしい知識，オーム社（1995）
5) 日本生理人類学会計測研究部会 編：人間科学計測ハンドブック，技報堂出

版（1996）
6) 日本生物物理学会シリーズ・ニューバイオフィジックス刊行委員会 編：構造生物学とその解析法，共立出版（1997）
7) 森 良一，天児和暢 編：戸田新細菌学，南山堂（1988）

5章
1) 浅居喜代治 編著：現代 人間工学概論，オーム社（1980）
2) 杉 春夫 編著：人体機能生理学 改訂第4版，南江堂（2003）
3) 山越憲一 編著：健康・福祉工学ガイドブック，工業調査会（2001）
4) ハンス・セリエ 著，細谷東一郎 訳：生命とストレス，工作舎（1997）
5) 日本比較内分泌学会 編：からだの中からストレスをみる，学会出版センター（2000）
6) シェルドン・コーエン，ロナルド・C.ケスラー，リン・アンダーウッド・ゴードン 編著，小杉正太郎 監訳：ストレス測定法，川島書店（1999）
7) 長沢伸也 編：感性をめぐる商品開発，日本出版サービス（2002）
8) 宮崎良文：森林浴はなぜ体にいいか，文藝春秋（2003）

付 録
1) ローランド・シンジンガー，マイク・W.マーティン 著，西原英晃 監訳：工学倫理入門，丸善（2002）
2) 総合研究開発機構，川井 健 共編：生命科学の発展と法，有斐閣（2001）
3) 山田康之，佐野 浩：遺伝子組換え植物の光と影，学会出版センター（1999）
4) 組換えDNA実験指針研究会 編：組換えDNA実験指針―解説Q&A 第一法規出版（1991）
5) 中村桂子，加藤順子，辻 堯 著：組換えDNA技術の安全性―研究室から環境まで，講談社（1989）
6) 奥野由美子，日経産業消費研究所 編：遺伝子ビジネス―産業化と倫理問題の最前線，日本経済新聞社（1999）

索引

【あ】

アカパンカビ　18
アガロース　82
悪性新生物　58
悪玉コレステロール　65
足底　153
アジュバント　103
汗　51,67,152
アセチルコリン　54,66
圧電効果　11
圧力センサ　11,131
アデニン　43
アデノシンデアミナーゼ欠損症　38
アドレナリン　55
アナログ信号　13
アナログ-ディジタル変換　15
アフィニティー　83
アフィニティー・クロマトグラフィー　75
甘味　125
アミノ基　81
アミノ酸　56,81
アミノ酸類　54
アミン　55,145
アミン類　54,55
アルゴリズム　143
アルツハイマー症候群　111
アルファ波　149
アルブミン　79
アレルギー　53,62,68,143
アレルギー反応　9
アレルゲン　68
アレルゲン検査　68
安全　158
安全確保　159
安全指標　140
アンペア　6
アンペロメトリー　78

【い】

胃液　67
イオン　49,71,74
イオン交換　83
イオン交換膜　73
イオンスパッタコーティング　101
イオン伝導性　154
イオン透過性　149
イオントポレシス　135
異化作用　53
異常値　62
位相差顕微鏡　91
イタリック　7
一遺伝子一酵素説　19
一遺伝子一ポリペプチド説　19
一次予防　59
一卵性双生児　19
一過性ストレス　138
一般検査　61,62
遺伝　17,59
遺伝暗号　19
遺伝カウンセリング　164
遺伝距離　29
遺伝子　4,17,62,88
　──の多様性　27
遺伝子関連検査　61
遺伝子工学　3
遺伝子多型　45
遺伝子導入　34
遺伝子発現　42
移動相　75,83
イメージセンサ　137
医療　4
陰イオン　80
インキュベート　40
陰極　80
インジェクター　83
インスリン　55,66,111,133
陰性　62
インタフェース　122
インターロイキン　145

咽頭派生体　93
インバーター　116
インフォームド・コンセント　162
インフルエンザ菌　25

【う】

ウイルス　4,67
ウイルス感染症検査　67
ウイルス性疾患　59
ウエスタンブロット法　67,103
ウェルフェア・テクノハウス　131
うま味　125
ウロビリノーゲン　63
運動機能　50

【え】

栄養素　53
液体　128
液体クロマトグラフィー　83
エネルギー　53,64,122,128
エネルギー代謝　53
エバネッセント波　85
エバポレーション　73
エピトープ　56
エピネフリン　55,66,146
エレクトロポレーション法　34
塩基　21
塩基対　25
塩基配列　43
エンケファリン　54
エンザイムイムノアッセイ　66,74
遠心分離　73
塩素　50,57
エンドルフィン　55
遠方計測　125
塩味　125

【お】

黄体形成ホルモン　66
黄体刺激ホルモン　145

音センサ	131	カリウム	50, 57	基準値	62
オリゴ糖	57	カルシウム	50, 54, 57	基準範囲	62
オリゴヌクレオチド	43	カルシウム処理法	34	気体	128
オールドバイオ	20	カルシトニン	66	キチン	96
温度	6	カルタヘナ議定書	160	喫煙検査	77
温度センサ	12, 131, 153	カルタヘナ議定書国内担保法	161	喜怒哀楽	143
温熱性発汗	152	カルボキシル基	81	機能画像診断	126
〚か〛		加齢	59	規範	156
		がん	58, 62, 67, 129, 147	基本単位	6
階層的ショットガン法	32	がん遺伝子	37	ギムザ染色法	23
快適指標	141	簡易分析法	76	キメラ	94
快適なストレス	138	感覚	50, 121, 122	逆相	83
概念	138, 159	感覚器	3, 13, 93, 122, 137	逆転写PCR法	42
外胚葉	93	感覚量	138	キャピラリー	82
快・不快	149	肝機能	64	キャピラリーシーケンサー	24
外分泌腺	51	眼球	10	キャリブレーション	118
解剖学	58	眼球運動	150	嗅覚	2, 125
科学技術	156	環境	121	吸光	83
価格指標	139	——への影響防止	159	吸光度	136
化学親和性	72	環境指標	140	嗅細胞	125
化学センサ	131	還元ヘモグロビン	152	休息の神経	142
化学分析	5, 69	幹細胞	92	吸着	83
化学平衡	72	がん細胞障害活性	147	吸着クロマトグラフィー	75
化学量	2, 12	間質液	49, 135, 136	競合法	75
化学量-電気量変換	85	桿状体	124	共振周波数	128
核酸	20, 72, 75	感情表現	137	疑陽性	62
核磁気共鳴	46, 128	感性	8, 137	共鳴シグナル	86
核種	129	感性工学	137	共鳴周波数	128
覚醒	149	汗腺	51, 152	共有結合	71
獲得免疫	53	感染	117, 143	共有結合力	71
核様体	23	完全埋込み	127	極性分子	71
過酸化水素電極	78	感染症	58, 62, 67, 76	拒絶反応	114
可視化技術	126, 143	完全人工心臓	116	キレート剤	90
可視光線	124, 151	観測者	12	キログラム	6
下垂体	51, 141	カンデラ	6	金	85
ガスクロマトグラフィー	83	寒天培養法	108	銀-塩化銀	78
ガストリン	66	簡便性	76, 147	近赤外	151
加速器	129	眼房水	49	近赤外分光法	151
活性	147	ガンマ線	129	筋電	150
喀痰	60	〚き〛		筋肉系	93
活動電位	122, 123			筋肉組織	95
カテコールアミン		疑陰性	62	〚く〛	
	54〜66, 142, 146	規格化	2		
カテーテル	127	器官	9, 48, 96	グアニン	43
過渡状態	84	帰還	13	空気の密度	153
カプセル型内視鏡	136	企業	158	空腹時血糖値	65
鎌状赤血球貧血症	28	危険	159	組換えDNA実験	160
ガラクトース	56	危険因子	37	組立単位	6
カラム	75, 83	基質	78	クラーク型酸素電極	106

索　引

グラジェント	84
グラム陰性菌	96
グラム当量	50
グラム陽性菌	96
グリコーゲン	55, 57
グリシン	54
グリセリン	65
グルカゴン	55, 66
グルココルチコイド	144
グルコース	55, 56, 63
グルコースオキシダーゼ	77
グルコースセンサ	77, 78
グルコノラクトン	78
グルタミン酸	54
クレアチニン	65
クレアチン	65
グレゴリー・メンデル	17
クレペリンテスト	148
クロマチン繊維	23
クロマトグラフィー	75
クロモグラニンA	145
クロモゲン	77
クローン	19
クーロンの法則	71
クーロン力	71, 74, 81

〖け〗

蛍光	83
蛍光抗体法	92, 104
経口糖負荷試験	65
蛍光標識	42
経済性	158
形質	17
計測	2, 3
計測システム	12
形態画像診断	126
系統樹	29
経皮トランス	116
外科の侵襲	9, 125
血圧	131, 147
血液	49, 60, 76, 152
血液化学検査	61, 64
血液型抗原	67
結核	58
結核菌	68
結合組織	93, 95
血清	62
決定因子	37
血糖測定	133

血糖値	8, 55, 65, 131
血友病	111
血流量	126
ゲノム	4, 23
ゲル	74, 82
ゲル電気泳動	74
ゲル電気泳動装置	82
ケルビン	6
限外ろ過	73
健康	4
健康診断	8, 59, 132
健康モニタリング・システム	131
検査	60
原子	70, 128
原子核	128
原子番号	129
検出器	2, 11, 77, 106, 129
健	62
謙譲	156
減数分裂	23
元素	54
元素記号	129
検体	60
検体計測	125
検体検査	60, 127

〖こ〗

5-HIAA	145
高圧ポンプ	75
工学	137
光学現象	85
光学的な特性	83
光学量	12
工学倫理	156
睾丸	66
交感神経系	50, 138, 141
交換相互作用	72
工業製品	140
高血圧	8
高血圧症	59
高血糖	65
抗原	52, 72, 77, 102
抗原決定基	56, 102
抗原抗体反応	52, 62, 67, 72, 75
抗原特異性	56
仔牛	116
高脂血症	59, 65
高次構造	27
鉱質コルチコイド	66, 144

恒常性	48, 147
甲状腺	51, 66
甲状腺刺激ホルモン	66
亢進	50
校正	118, 136
抗生物質	90
厚生労働省	58
酵素	18, 56, 64, 77, 133
高速液体クロマトグラフィー	74
酵素抗体法	92, 104
酵素試験紙	134
酵素センサ	77, 134
酵素標識	75
酵素標識(固相)免疫測定法	67, 75
酵素膜	78
抗体	52, 56, 72, 77, 92
好中球	56
後天性免疫不全症候群	68
光度	6
後頭葉	152
高比重リポタンパク質	65
興奮性細胞	149
高齢者	8, 63, 132
呼吸器系	48, 121
国際単位系	5
心	139
誤差	10
コスト	76
固体	128
骨格系	93
骨髄	10
骨粗鬆症	59
固定相	75, 83
5-ハイドロキシインドール酢酸	145
固有周波数	128
コルチコステロン	144
コルチゾール	55, 66, 142, 144
コルチゾン	144
コレステロール	57, 65
昆虫ホルモン	55
コンピューター断層撮影	126

〖さ〗

細菌学検査	61
サイクロトロン	129
採血	126
採取	148

再生医療	113	色原体	77, 148	循環機能	143
在宅	131	磁気細胞分別法	90	順相	83
在宅健康管理	131	磁気双極子	71	順応現象	123
細胞	4, 87, 149	糸球体	65	松果体	51
細胞外液	49, 135	磁気量	12	消化管	66, 93
細胞間基質	95	試験紙	76, 147	消化器系	121
細胞間結合	89	嗜好品	59	消化器系疾患	62
細胞間作用	88	自己血糖測定器	133	受容器	123
細胞間物質	95	自己再生産	4	消極的	143
細胞間マトリックス	95	脂質	53, 57, 64, 72	症候群	58
細胞ストレス	138	脂質代謝	64	正直	156
細胞性免疫	53	指示薬	76	ショウジョウバエ	18, 29
細胞増殖	88	歯周病	68	脂溶性血液型物質	67
細胞内液	49	視床下部	141, 153	常染色体	23
細胞内小器官	87	システム	13	情動	1, 138
細胞表面抗原	92	自然界	70	上皮小体	51
細胞分化	88	自然心臓	115	上皮組織	95
細胞壁	96	自然分泌	134	情報処理能力	121
細胞膜	149	自然免疫	53	情報の認識	123
サイロキシン	66	持続性ストレス	138	情報の漏洩	133
サザンブロット法	103	シータ波	149	商用交流電圧	11
サック	115	疾患	58, 62	触覚刺激	154
サブスタンスP	54	湿度	153	食事	131
左右側頭葉	152	湿度センサ	153, 154	触媒	77
作用極	78, 106	質量	6	食品細菌検査	108
酸塩基指示薬	76	シトシン	43	植物ホルモン	55
三角プリズム	85	シナプス	54	処理装置	13
酸化ヘモグロビン	152	歯肉溝液	135	自律神経系	50, 66, 141
サンガー法	24, 30	脂肪酸エステル	65	ジレンマ	158
産業	139	脂肪族アミン	55	真空蒸発	73
産業応用	141	社会的責任	158	神経系	48, 50, 93, 121, 142
参考値	63	試薬	76, 148	神経性調節	49
三次元構造	114	シャドウイング法	101	神経組織	95
参照極	78, 106	種	17	神経伝達物質	50, 54, 146
三次予防	60	重症急性呼吸器症候群	76	神経末端	51, 123, 142
酸素	54	充填剤	75, 83	信号	14
酸素電極	78, 106	絨毛性ゴナドトロピン	67	人工眼	10
3大栄養素	53	重陽子	129	人工器官	10
3′-デオキシヌクレオシド三リン酸類似体	32	重力相互作用	70	人工気管	113
		主観評価	143	人工血液	10
3電極式	78	縮合重合	56	人工血管	9, 113
サンプリング	13	宿主	69	人工骨	9, 113
酸味	125	受光素子	152	人工歯	113
		手術侵襲	9	人工心臓	10, 114
〚し〛		受精	93	人工腎臓	10
ジェームズ・ワトソン	20	出生前診断	39	人工膵臓	10
視覚	2, 124	受容	122	人工臓器	10, 113
視覚刺激	154	腫瘍マーカー	69	人工肺	10
時間	6	循環器系	48, 93, 121	人工皮膚	9, 113

人工物	114	
心疾患	58	
腎疾患	62	
侵襲計測	125	
滲出	135	
身体的作業能力	121	
人体の構成要素	121	
真値	10	
心電	150	
心電計	131	
心電図	60, 131	
浸透圧	49	
心拍数	147	
信頼性	8, 10	
心理学	137	
心理計測	138	
心理状態	143	
心理的要素	121	
心理反応	137	
親和性	75	

【す】

髄液	60, 64	
随時性	76, 147	
水蒸気の密度	153	
水素	54	
水素イオン	81	
膵臓	51, 66	
睡眠	131, 146, 149	
水溶性血液型物質	67	
スキャナー	43	
スクラッチテスト	68	
スクリーニング	64, 67, 77, 133	
スクリーニング検査	62	
スクロース	57	
スターチ	57	
ステラジアン	6	
ステリン類	57	
ステロイド	57	
ステロイドホルモン	55, 66, 142, 144	
ステロール	57	
ステンレス	78	
ステンレス・カラム	83	
ステンレス管	75	
ストークスの法則	81	
ストレス	59, 137	
ストレス・ホルモン	56, 144, 146	

ストレッサー	138	
スポット	43	
スマート・ホーム	131	

【せ】

精液	67	
生化学	72	
生化学検査	61	
生化学的限界値	63	
生化学物質	4, 48, 69	
生活習慣	131	
生活習慣病	58, 132	
生活の質	4, 117, 126	
生活リズム	131	
正規分布	63	
制御	3	
制御装置	3	
制限酵素	32	
性コルチコイド	66, 144	
正常	62	
正常値	8, 62, 62	
正常二倍体細胞	89	
正常範囲	62	
生殖系	93	
生殖細胞	41	
精神機能	50	
精神神経免疫学	143	
精神性発汗	152	
精神の苦痛	9, 125	
精神的ストレス	138, 147	
精神的ストレッサー	149	
成人病	58	
精製	75	
性腺	66	
性染色体	23	
精巣	51	
生体アミン	55	
生体安全性	8, 134	
生体ストレス	138	
生体組織	114	
生体電気現象	149, 150	
生体内評価	116	
生体反応	137	
生体防御機構	52	
成長ホルモン	66, 145	
静電容量式	153	
静電力	71	
性能指標	140	
生物	4	

生物化学的酸素要求量	106	
生物学	3	
生命	4	
生命科学	3	
生命計測工学	3, 4	
生命体	4	
生命倫理	160	
生理活性物質	75	
生理検査	60	
生理的多型性	144	
生理的要素	121	
脊髄反射	123	
セキュリティ	133	
世代時間	97	
積極的	143	
設計図	4	
絶対	159	
絶対湿度	153	
接着細胞	34	
接頭語	7	
ゼーベック効果	11	
ゼラチン粒子凝集法	67	
セルソーター	97	
セルロース	57, 76	
セロトニン	30, 54, 66, 146	
遷移	128	
潜血	62, 64	
全ゲノムショットガン法	32	
センサ	2, 10, 11, 77, 85, 118, 122, 125	
染色体	18, 22	
染色体地図	18	
全大脳領域	151	
選択性	42	
善玉コレステロール	65	
線虫	29	
前頭葉	152	
セントラルドグマ	41	
全能性幹細胞	93	
前方散乱光	98	
専門医	60	
専門用語	9	

【そ】

相	75	
臓器	10	
双極子	71	
双極子相互作用	71	
双極子モーメント	71	

索引

造血幹細胞		93
相互作用		71
走査		127
走査型電子顕微鏡		100
総脂質		65
桑実胚期		93
相対湿度		153, 154
総タンパク		64
早朝空腹時		65
相同的		43
増幅器		147
総ヘモグロビン		152
相補的		42
相補的DNA		31
即時性		76, 147
速度論		72
側方散乱光		98
組織		4, 87, 95
組織培養細胞		89
疎水性相互作用		72
ソフト・システム		120
ソマトトロピン		145
ゾーン遠心分離法		90

〖た〗

ダイアフラム	115
体液	49, 67, 148
体液性調節	49
体液性免疫	52
体温	131
体温調節	152
対極	78, 106
第5の製品指標	141
胎児	93
体質	59
代謝	53, 56
代謝異常	129
代謝回転	53
代謝系	48, 50
体重	131
対数増殖期	97
体性感覚	2
体性神経系	141
大腸菌	33
耐糖能	65
体得	156
体内埋込み形センサ	133
体内計測	125
体内補助電池	117

大脳皮質	152
胎盤	66
胎盤ラクトゲン	67
体表計測	125
対流	82
ダウン症候群	39
唾液	51, 60, 67, 76, 125, 144, 148
唾液アミラーゼ	142, 147
唾液腺	51
唾液転写機構	148
多型性	144
ターゲット	42
脱分化	110
多糖類	56
多能性幹細胞	93
多様性	8
ダルベッコ	36
単位記号	7
単純脂質	57
探針計測	125
炭水化物	56
炭素	54
断層像	127
担体	76
タンパク質	20, 41, 53, 56, 63, 64, 70, 72, 75, 77
——の高次構造の予測	46
タンパク分解酵素	90
タンパクホルモン	55

〖ち〗

チェインターミネーター法	31
知覚	123
力	70
知識	123
遅滞期	97
窒素	54
チミン	43
着床前診断	40
中間代謝	53
中枢神経系	50, 141
中性子	129
中性脂肪	57, 65
中胚葉	93
チューブ	115
腸液	67
超音波	127
超音波CT	127

聴覚	2, 125
聴覚刺激	155
腸管出血性大腸菌	108
腸管侵襲性大腸菌	108
腸管付着性大腸菌	108
超生体染色	91
チョウ・ファスマン	46
超らせん構造	22
直接神経作用	142, 147
直接導入法	34
直流電圧	11
沈降係数	90

〖つ〗

ツベルクリン	68
強い相互作用	70
強い分子間力	71

〖て〗

テイ・サックス病	37
定式化	8
ディジタル化	150
ディジタル信号	14
定常期	97
低真空走査型電子顕微鏡	102
低侵襲計測	126
ディスポーザブル	135
定性	62, 76
定性分析	5, 61
低比重リポタンパク質	65
低分子窒素化合物	65
定量化	5
定量分析	5, 61
デオキシリボ核酸	20
デオキシリボース	21
デキストリン	57
テクノロジー	3
テストステロン	66
哲学	137
掌	153
デバイス	77
デルタ波	149
テレメータ	127
テロメア	94
電圧トランスデューサ	11
電位差	149
電荷	71
電解質	49
電気	60

電気泳動	24, 74, 80	ドーパミン	55, 66, 111, 146	【ぬ, ね】	
電気泳動速度	80	ドライケミストリー		ヌクレオチド	21
電気化学計測	78		74, 76, 134, 147	ネガティブ	143
電気化学センサ	77	トランスクリプトーム	41	ネガティブ染色法	101
電気学会	157	トランスジェニック動物	112	熱伝導	152
電気浸透	134, 135	トランスデューサ	11, 77	熱放散	152
電気双極子	71	鳥インフルエンザ	76	熱力学	72
電気電子工学	14	トリグリセリド	65	熱量	11, 12
電極	77	トリヨードサイロニン	66	粘膜	93
電気量	11, 12	【な】		【の】	
電子	70, 71, 128	内臓感覚	2		
電子染色法	101	内胚葉	93	脳	139, 141
電磁的相互作用	70, 71	内分泌	51	脳下垂体	66
転写	41	内分泌学的検査	61	脳幹	123
デンプン	57	内分泌系	49, 50, 51, 121, 143	脳機能	128, 139, 143, 151
電離	49	長さ	6	脳血管疾患	58
電流	6	ナチュラルキラー細胞	146	農作物	139
電力	117	ナトリウム	50, 57	脳脊髄液	64
【と】		涙	67	濃度勾配	84
同位核	129	【に】		脳内ホルモン	66
同位体	129			脳波	60, 149
動画	137	匂いセンサ	132	脳波計	150
透過型電子顕微鏡	91, 100	苦味	125	嚢胞性線維症	37
同化作用	53	肉体ストレス	138	ノーザンブロット法	42, 103
統計	11, 63	肉体的苦痛	9, 125	ノックアウト動物	112
統計学	63	2',3'-ジデオキシヌクレオシド		ノルアドレナリン	51, 55, 146
統合	139	三リン酸類似体	32	ノルエピネフリン	
糖質	53, 56, 64, 72, 75	二重支配	50, 141		51, 55, 66, 142, 144
糖質コルチコイド	66, 144	二重染色法	104	【は】	
闘争の神経	141	二重らせん構造	22		
糖代謝	64, 126	二次予防	59	胚	92
糖代謝異常	65	2進数値	15	肺炎	58
糖タンパク	67	2大調節系	51	バイオセンサ	74, 77, 106
頭頂葉	152	日常生活	131	バイオテクノロジー	3
同定	5, 73	2電極式	78	バイオルミネッセンス法	106
等電点	80, 81	日本機械学会	157	バイオロジー	3
糖同化機能	65	乳酸	145	排出系	93
道徳	156	入眠	149	胚性幹細胞	92
糖尿病	59, 62, 133	入浴	117, 131	排泄	53, 131
動物実験	116	ニューバイオ	20	ハイブリダイゼーション	42
動物ホルモン	55	尿	60, 63, 76, 125, 144	ハウスダスト	68
特異性	42	尿酸	65	パーキンソン病	111
特殊性	8	尿試験紙	77	白金	78
毒性	8	尿素窒素	65	拍動流ポンプ	115
毒素原性大腸菌	108	尿タンパク	63	薄膜	85
独居老人	132	尿糖	63	発汗	150, 152
ドデシル硫酸ナトリウム-ポリア		人間工学	120	発がん性	8
クリルアミド	82	妊娠検査	77	発汗量	153

白血病	62, 111	標本化	13	フローサイトメトリー法	90
発光素子	152	表面張力	72	フロー式	78
バッチ式	78	表面波	85	フローセル	78, 80
パッチテスト	68	表面プラズモン	85	プロタミン	22
ハード・システム	120	表面プラズモン共鳴	85	プロテオグリカン	95
パニング法	90	表面マーカー	92	プロテオーム	41
ハンチントン舞踏病	37, 111	ビリルビン	63	プロトプラスト	34
半定量	62, 76	疲労	121, 139	プローブ	153
半定量検査	62	貧血	62	プローブ cDNA	42
半導体レーザ	152	《ふ》		プロラクチン	145
《ひ》		ファイバープローブ	152	分画	84
光	133	ファン・デル・ワールス力	72	分化	110
光計測	133	フィードバック	13, 55	分極	71
光センサ	131	フェリチン抗体法	92, 104	分極相互作用	71
非競合法	75	フォトダイオード	136	分極力	71
被検者	2, 61	不快なストレス	138	分光	83
非自己	52	付加価値	141	分散力	72
ビジネス	139	不感蒸泄	152	分子	70
非侵襲計測	77, 125	副交感神経系	50, 141	分子間相互作用	85
非侵襲	9, 117	複合脂質	57	分子認識	42, 69
ヒストン	22	副甲状腺	66	分子認識素子	77, 106
歪み	138	副作用	61	分析	73
非生体内評価	116	福祉	4	分配	83
微生物	3	副腎	51	糞便	64
ビタミン	53, 57, 64	副腎髄質	66, 141	分離	72
美徳	156	副腎皮質	66, 141	《へ》	
ヒトクローン技術	156	副腎皮質刺激ホルモン	66, 145	平均値	63
ヒトゲノムプロジェクト	25	不確かさ	10	平衡	84
ヒトの形態	121	物質量	6	平衡論	72
皮内テスト	68	物理学	70	平面角	6
非破壊	8, 9	物理吸着	72	ベクター	34
非標識抗原	75	物理計測	143	ベクトル	71
皮膚	152	物理量	2	ベータ波	149
皮膚反応検査	68	ブドウ糖	8, 56, 129, 133	ベッドサイド	115
微分干渉顕微鏡	91	ブドウ糖試験紙	77	ベネフィット	159
秒	6	浮遊細胞	34	ペプチド	56
病因物質	58	プライマー	30	ペプチドグリカン	96
病気	58	フラクションコレクター	84	ペプチド結合	56
病原菌	62	フラグメント	82	ペプチドホルモン	55
病原性	69	プラスミド	34	ペプチド類	55
病原大腸菌	108	ブラックボックス	71	ヘモグロビン	28, 63, 151
標識抗原	75	フランシス・クリック	20	便	60
標識薬剤	129	プリン体	66	ベンチテスト	116
表示装置	13	ふるい分け	62	変動係数 RSD	80
標準偏差	11, 63	フルオレセインイソチオシアネート	104	弁別閾値	123
標的細胞	51			《ほ》	
表皮組織	93	フルクトース	56		
標本	13	フローサイトメーター	98	崩壊	129

芳香族アミン	55	無機物質	54	溶離液	83
放射性同位体	128	無拘束計測	131	葉緑体	23
胞胚期	93	ムコ多糖類	95	抑制	50
法律	156	無侵襲	9	予後	61
飽和水蒸気密度	153	娘細胞	20	四次構造	27
ポジティブ	143	無拍動流ポンプ	115	四つの力	70
ポジティブ染色法	101			弱い相互作用	70
ポジトロン	128	〖め〗		4基本味	125
補助人工心肺装置	10, 113	メッセンジャー	51		
保存性	76	メートル	6	〖ら〗	
ポテンシオスタット	80	メラトニン	55	ライフスタイル	58
ポテンシオメトリー	78	メリット	159	ラクトース	57
ホメオスタシス	48, 147	免疫	52	ラジアン	6
ポリクローナル抗体	102	免疫学的検査	61	ラジオアイソトープ	128
ボールキャッチ	154	免疫グロブリン	52, 56, 146	ラジオイムノアッセイ	66
ボルタンメトリー	78	免疫クロマトグラフィー法	67	卵割	93, 110
ホルモン	51, 55, 62, 66	免疫系	50, 143	卵巣	51
ポンプ	115	免疫血清学的検査	67	卵胞刺激ホルモン	66
		免疫組織化学	91		
〖ま〗		免疫定量	72	〖り〗	
マイクロ	7	免疫不全	68	リアルタイム	128
マイクロインジェクション法	34			利益	159
マイクロチップ	82	〖も〗		力学量	11, 12
マーカー	69	毛細管現象	70	離散化	13
マクサム・ギルバート法	24, 30	模擬	115	リスク	159
膜電位	149	模擬循環試験装置	116	リスク-ベネフィット分析	159
マグネシウム	50	モータ	115	リスク論	159
膜分離	73	モノクローナル抗体	102	リゾチーム	53
マシュー・カウフマン	94	モラル	156	立体角	6
マーチン・エバンス	93	モル	6	リトマス試験紙	76
末梢神経系	50, 141			留置	127
マルトース	57	〖や,ゆ〗		量	2
慢性疾患	58	ヤギ	116	量記号	7
マン・マシン・インタフェース		有機化合物	54	量子化	13
	121	有機物質	54	量子化誤差	15
		有機リン酸化合物	50	良心	156
〖み〗		有毛細胞	125	両性電解質	80
味覚	2, 125	遊離脂肪酸	65	リラックス	142
水の特殊な相互作用	72	優良工業製造規範	161	リン	54
密度勾配遠心分離法	90			臨界点乾燥法	101
ミトコンドリア	4, 23	〖よ〗		リン酸カルシウム法	34
ミネラルコルチコイド	144	陽イオン	80	リン脂質	65
ミュー	7	陽極	80	臨床	61
味蕾細胞	125	陽子	129	臨床応用	113, 134, 137
		陽性	62	臨床検査	60, 77
〖む〗		陽電子	128	臨床検査学	61
無意識計測	131	陽電子放出	128	臨床検査室	61
無機化合物	54	陽電子放出断層撮影法	128	リンパ液	136, 146
無機質	53, 57	溶媒	83	リンパ節	56

索引

【る，れ，ろ】

ルシフェラーゼ	106
ルシフェリン	106
レーザー	136
レトロウイルス	35
連続信号	13
連続流ポンプ	115
老化	8
老人性痴呆症	59
労働生産性	139
ローマン体	7

【わ】

ワイヤレス	117
腋	153
枠組み	114
ワクチン	69

【A】

ABO式血液検査	67
absolute humidity	153
acquired immunity	53
acquired immuno deficiency syndrome	68
ACTH	66, 145
activity index	141
ADA欠損症	38
adenosine 5′-triphosphate	106
adjuvant	103
A-D変換	15, 151
affinity chromatography	75
Ag-AgCl	78
agarose	82
aging	8
AIDS	67
allergen	68
allergy	53
alpha fetoprotein	110
alpha helix	46
ALT	64
Alzheimer's syndrome	111
ambulatory measurement	131
amine	55
amphoteric electrolyte	80
analog signal	13
analog-to-digital conversion	151
analysis	73
anchorage dependent cell	34
animal experiment	116
antenatal diagnosis	39
antibiotics	90
antibody	52, 92
antigen	52, 102
antigen-antibody reaction	52
artificial heart	114
artificial organs	9, 113
AST	64
atom	128
atomic nucleus	128
ATP	106
audition	2
auditory sensation	2
autonomic nervous system	50, 141
autosome	23
auxiliary electrode	78

【B】

B1	160
B2	160
base	21
base pair	25
B cell	52
BCG	69
bench test	116
benefit	159
beta structure	46
bio affinity chromatography	75
biochemical material	48
biochemical oxygen demand	106
biochemistry	72
bio-electrical phenomena	149
biogenic amine	55
biology	3
bioscience	3
biosensor	77, 106
biotechnology	3
blastula	93
blood glucose level	55
BOD	106
BUN	65
B細胞	52, 56, 145

【C】

CA-F	66
calibration	118, 136
carbohydrate	56
cardiovascular system	48
catalyst	77
catheter	127
CCR5ケモカインレセプター	28
cDNA	31
cell	4, 87
cell differentiation	88
cell junction	89
cell proliferation	88
cell sorter	97
cellular immunity	53
cell wall	96
central dogma	41
central nervous system	50
centrifugal separation	73
cerebral cortex	152
cerebrospinal fluid	64
CFU	109
CgA	145
chemical affinity	72
chemical analysis	5, 69
chemical units	2
chimera	95
chitin	96
chloroplast	23
chromatography	75
chromogen	77, 148
chromosome	18
chromosome map	18
chronic disease	59
cleavage	110
clinical	61
clinical laboratory	61
clinical test	61

clone	19	dry chemistry	76	feedback	13
clone-by-clone shutgun sequencing	32	D-グルコース	64	fertilization	93
				fetus	93
complementary	43	【E】		fight-or-flight response	142
complementary DNA	31	EAEC	108	FITC	104
complex lipids	57	E. coli	33	flow cytometer	98
computed tomography	126	ectoderm	93	fluoresceinisothiocyanate	104
continuous signal	13	EDTA	66	fMRI	128
-COOH	81	EEG	149	forward scatter	98
CORT	66, 144	EHEC	108	fruit-fly	18
cortisol	144	EIA	66, 74, 75, 84	FSC	98
Coulomb's force	71	EIEC	108	FSH	66
Coulomb's law	71	electrical and electronics engineering	14	functional MRI	128
counter electrode	78			【G】	
covalent bond	71	electric dipole	71		
CT	66, 126	electrochemical sensor	77	GABA	54
		electroencephalogram	149	Gal-G2-CNP	148
【D】		electrolyte	49	gamma rays	129
dedifferentiation	110	electromagnetic interaction	70	GCF	135
deoxyribonucleic acid	4, 20	electron	128	gel	74
deoxyribose	21	electronic nose	132	gel electrophoresis	74
differential interference microscope	91	electron staining technique	101	gene	4, 17, 88
		electrophoresis	24, 80	genealogical tree	29
differentiation	110	ELISA	67, 75	GeneChip	43
digital signal	14	eluate	83	gene engineering	3
dipole-dipole interaction	71	embryo	92	gene expression	42
dipole moment	71	embryonic stem cell	92	generation time	97
discrete signal	14	emotion	1	genetic code	19
discretion	13	endocrine system	49	genetic distance	29
disease	58	endoderm	93	genetic polymorphism	45
dispersion force	72	engineering ethics	156	gene transfer	34
distress	138	entoderm	93	genom	24
DNA	4, 20, 77	enzyme	18, 56	germ cell	41
DNA chip	42	enzyme immunoassay	74	GH	66, 145
DNA ligase	33	EPEC	108	Giemsa staining method	23
DNA microarray	42	epitope	56, 102	GILSP	161
DNA polymerase	31	ergonomics	120	Gingival crevicular fluid	135
DNA シーケンサー	74	ES 細胞	92, 114	glucids	56
DNA チップ	42	ETEC	108	glucose	56
DNA フラグメント	82	ethics	156	GOD	77
DNA ポリメラーゼ	30	eustress	138	GOT	64
DNA マイクロアレイ	42	exchange interaction	72	GPT	64
DNA リガーゼ	33	extracellular fluid	49, 135	Gram-negative bacteria	96
dNTP	32			Gram-positive bacteria	96
ddNTP	32	【F】		gravitational interaction	70
dopamine	111, 146	false negative	62	GST	66
double innervation	50	false positive	62	guatatory sensation	2
doubling time	97	FDA	134	gustation	2
Drosophila	18	feces	64		

【H】

HACCP	105
Hb	151
HCG	67
HCS	67
HDL	65
HDL コレステロール	65
hematopoietic stem cell	93
hemoglobin	28, 151
heredity	17
higher-order structure	27
high-performance liquid chromatography	74
histone	22
HIV	68
homeostasis	48, 147
homologous	43
hormon	55
HPA	141
HPLC	74, 75, 83
human engineering	120
humoral control	49
humoral immunity	52
hybridization	42
hydrophobic effect	72
hypothalamic-pituitary-adrenocortical system	141

【I】

IgA	52, 145
IgD	52
IgE	52
IgG	52
IgM	52
IL	145
illness	58
immunity	52
immunoassay	72
immunoenzymatic technique	92
immunofluorescence technique	92
immunoglobulin	52
immunohistochemistry	91
incubate	40
injector	83
inorganic compound	54
insulin	55, 111
intercellular reaction	88
intercellular substance	95
internal secretion	51
International System of Units	5
intracellular fluid	49
Invader 法	46
invasive measurement	125
in vitro 評価	116
in vivo 評価	116
iontophoresis	135
IRG	66
IRI	66
isoelectric point	81
isotope	129
italic	7

【K】

kansei engineering	137
knockout animal	112
knowledge	123

【L】

LacA	145
lag phase	97
lambda phage	33
LDL	65
LDL コレステロール	65
LH	66
life	4
lifestyle	58
logarithmic growth phase	97
LS-1	160
LS-2	160
LS-C	160
LTH	145

【M】

magnetic resonance imaging	128
MALDI-TOF/MS 法	46
Maxam-Gilbert method	24
measurement	2
measurement techniques for life sciences	3
meiosis	23
membrane potential	149
membrane separation	73
mesoderm	93
messenger RNA	41
metabolic system	48
metabolic turnover	53
metabolism	53
methicillin-resistant *Staphylococcus aureus*	105
microorganism	3
mitochondria	4, 23
mobile phase	75
molecular recognition	42, 69
monoclonal antibody	102
moral	156
morula	93
MRI	128, 143
mRNA	41, 42
MRSA	105
multipotential stem cell	93

【N】

natural immunity	53
natural killer cell	146
NE	144
near-infrared spectroscopy	151
negative	62
negative staining technique	101
nervous system	48
neurotransmitter	50, 146
neutral fat	57
$-NH_2$	81
NIRS	151
NK cell	146
NMR	46, 128
non-destructive	9
noninvasive	9
noninvasive measurement	125
norepinephrine	144
normal diploid cell	89
normalization	2
normal value	62
northern blot technique	42, 103
nucleic acid	20
nucleoid	23
nucleosome	22
nucleotide	21
nuclide	129

【O】

occult blood	64
OGTT	65

olfaction	2	positron	128	SAM	141
olfactory sensation	2	positron emission	128	sample	60
oligonucleotide	43	positron emission tomography	128	sampling	13
oncogene	37			Sanger method	24
one gene-one enzyme hypothesis	19	prediction of higher-order structure of protein	46	saturation vapor pressure	154
				scan	127
one gene-one polypeptide chain hypothesis	19	prenatal diagnosis	39	scanning electron microscope	100
		primer	30		
oral glucose tolerance test	65	prognosis	61	screening test	62
organ	96	protamine	22	SD	11
organic compound	54	protein	20, 41, 56	SDS-PAGE	82
organic sensation	2	proteoglycan	96	Seebeck effect	11
organism	4	proteome	41	selectivity	42
organs	10, 48	protoplast	34	SEM	100
		psychological	9	semi-invasive measurement	126
〖P〗		psychological measurement	138		
P1	160	psychological stress	138	sensation	122
P4	160	Pt	78	sense organs	122
parasympathetic nervous system	50			sensor	2
		〖Q〗		separation	72
pathogenicity	69	QOL	4, 117, 126, 137	serotonin	30, 146
peptide	56	qualitative analysis	5	severe acute respiratory syndrome	76
peptidoglycan	96	quality of life	4		
perception	123	quantitative analysis	5	sex chromosome	23
peripheral nervous system	50, 141	quantization	13	shadowing technique	101
		quantization error	15	SI	5
PET	128, 143	quaternary structure	27	sickness	58
pH	77, 80			side scatter	98
phase contrast microscope	91	**〖R〗**		single nucleotide polymorphism	45
phenotype	17	radioisotope	128		
physical	9	random shutgun sequencing	32	SI 接頭語	6
physical stress	138	RAST	68	SI 単位	6
physical units	2	reception	122	smart home	131
physiological polymorphism	144	receptor	123	SnapShot 法	46
		reference electrode	78	Sniper 法	46
physisorption	72	relative humidity	154	SNP	45
pH 試験紙	76	respiratory system	48	somatic nervous system	141
pI	81	restriction enzyme	32	somatic sensation	2
piezoelectric effect	11	RH	154	southern blot technique	103
plasmid	34	RIA	66	species	17
POCT	77	ribonucleic acid	4	specificity	42
polarization	71	risk	159	SPR	85
polarization force	71	RNA	4	SSC	98
polarization interaction	71	roman type	7	standard deviation	11
polyclonal antibody	102	RT-PCR 法	42	stationary phase	75, 97
polydeoxyribonucleotide synthase	33	**〖S〗**		stem cell	92
				steroids	57
positive	62	safety	158	stress	137
positive staining technique	101	salivary α-amylase	147	stressor	138

strong interaction	70	
supravital staining	91	
surface antigen	92	
surface marker	92	
surface plasmon resonance	85	
surface tension	72	
surgical invasive	125	
suspension cell	34	
SV 40	35	
sweating	152	
sympathetic nervous-adrenal medullary system	141	
sympathetic nervous system	50	

〖T〗

T 3	66
T 4	66
TAH	116
T cell	52
technical term	9
technology	3
telemeter	127
telomea	94
TEM	91, 100
test	60
test paper	76
thermal sweating	152
tissue	4, 95
tissue cultured cell	89
tissue engineering	113
total artificial heart	116
total lipid	65
total protein	64
totipotent stem cell	93
transcription	41
transcriptome	41
transcutaneous transformer	116
transducer	11
transgenic animal	112
transmission electron microscope	91
triglyceride	65
TSH	66
TST	66
T 細胞	52
t-ブチルアルコール凍結乾燥法	101

〖U〗

ultrasonic wave	127
uncertainty	10
unconscious measurement	131
unit	2
urine	63

〖V〗

vacuum evaporation	73
vancomycin-resistant Enterococci	105
van der Waals force	72
vector	34
virus	4, 68
vision	2
visual sensation	2
VRE	105

〖W〗

weak interaction	70
welfare techno-house	131
western blot technique	103
wet SEM	102
working electrode	78

〖X〗

X-rays	127
X 線	127
X 線 CT	127
X 線結晶構造解析	46

〖Z〗

zonal centrifugtion	90

〖ギリシャ文字〗

α 細胞	55
α フェトプロテイン	110
α ヘリックス	46
β-エンドルフィン	145
β 構造	46
β 細胞	55
β 崩壊	128
γ-GTP	64
γ-アミノ酪酸	54
γ 線	129
λ ファージ	33
Φ X174 ファージ	25

―― 著者略歴 ――

山口　昌樹（やまぐち　まさき）
1985年　信州大学工学部電気工学科卒業
1987年　信州大学大学院修士課程修了
　　　　（電気工学専攻）
1987年　ブラザー工業株式会社勤務
1994年　信州大学大学院博士後期課程修了
　　　　（システム開発工学専攻）
　　　　工学博士
1995年　東京農工大学工学部　助手
1999年　富山大学工学部　助教授，生命工学
　　　　講座担当
2002年　スウェーデン王国 Linköping University 客員研究員（文部科学省在外研究員）
2004年　（有）バイオ情報研究所　取締役
　　　　（兼務）
　　　　現在に至る

新井　潤一郎（あらい　じゅんいちろう）
1979年　東北大学理学部生物学科卒業
1979年　テルモ株式会社勤務
1980年　東京慈恵会医科大学非常勤教員
1987年　株式会社アドバンス　生命科学研究所　主任研究員
1991年　医学博士（東京慈恵会医科大学）
1991年　ダイキン工業株式会社勤務
1993年　通商産業省工業技術院　産業技術融合領域研究所　主任研究官
　　　　（任期付公務員）
1994年　ダイキン工業株式会社復職　主任研究員
2004年　福井大学　地域共同研究センター　客員教授（兼務）
　　　　現在に至る

生命計測工学
Measurement Techniques for Life Sciences
　　　　　　　© Masaki Yamaguchi, Junichiro Arai　2004

2004年10月1日　初版第1刷発行

|検印省略|

著　者　　山　口　昌　樹
　　　　　新　井　潤　一　郎
発行者　　株式会社　コロナ社
代表者　　牛来辰巳
印刷所　　新日本印刷株式会社

112-0011　東京都文京区千石 4-46-10
発行所　株式会社　コ ロ ナ 社
CORONA PUBLISHING CO., LTD.
Tokyo Japan
振替 00140-8-14844・電話(03)3941-3131(代)
ホームページ　http : //www.coronasha.co.jp

ISBN 4-339-07084-X　　　（金）　（製本：愛千製本所）
Printed in Japan

無断複写・転載を禁ずる
落丁・乱丁本はお取替えいたします

ＭＥ教科書シリーズ

(各巻B5判)

■(社)日本エム・イー学会編
■編纂委員長　佐藤俊輔
■編纂委員　稲田 紘・金井 寛・神谷 瞭・北畠 顕・楠岡英雄
戸川達男・鳥脇純一郎・野瀬善明・半田康延

	配本順		著者	頁	定価
A-1	(2回)	生体用センサと計測装置	山越・戸川共著	256	4200円
A-2	(16回)	生体信号処理の基礎	佐藤・吉川・木竜共著	216	3570円
B-1	(3回)	心臓力学とエナジェティクス	菅・高木・後藤・砂川編著	216	3675円
B-2	(4回)	呼吸と代謝	小野功一著	134	2415円
B-3	(10回)	冠循環のバイオメカニクス	梶谷文彦編著	222	3780円
B-4	(11回)	身体運動のバイオメカニクス	石田・廣川・宮崎・阿江・林共著	218	3570円
B-5	(12回)	心不全のバイオメカニクス	北畠・堀編著	184	3045円
B-6	(13回)	生体細胞・組織のリモデリングのバイオメカニクス	林・安達・宮崎共著	210	3675円
B-7	(14回)	血液のレオロジーと血流	菅原・前田共著	150	2625円
C-1	(7回)	生体リズムの動的モデルとその解析 ―ＭＥと非線形力学系―	川上博編著	170	2835円
C-2	(17回)	感覚情報処理	安井湘三著	144	2520円
C-3		生体リズムとゆらぎ ―モデルが明らかにするもの―	中尾・山本共著	近刊	
D-1	(6回)	核医学イメージング	楠岡・西村監修 藤林・田口・天野共著	182	2940円
D-2	(8回)	Ｘ線イメージング	飯沼・舘野編著	244	3990円
D-3	(9回)	超音波	千原國宏著	174	2835円
E-1	(1回)	バイオマテリアル	中林・石原・岩崎共著	192	3045円
E-3	(15回)	人工臓器(Ⅱ) ―代謝系人工臓器―	酒井清孝編著	200	3360円
F-1	(5回)	生体計測の機器とシステム	岡田正彦編著	238	3990円

以下続刊

A	生体電気計測	山本尚武編著	A	生体用マイクロセンサ	江刺正喜編著
A	生体光計測	清水孝一著	B	循環系のバイオメカニクス	神谷瞭編著
B	肺のバイオメカニクス ―特に呼吸調節の視点から―	川上・西村編著	C	脳磁気とＭＥ	上野照剛編著
D	画像情報処理(Ⅰ) ―解析・認識編―	鳥脇純一郎編著	D	画像情報処理(Ⅱ) ―表示・グラフィックス編―	鳥脇純一郎編著
D	ＭＲＩ・ＭＲＳ	松田・楠岡編著	E	電子的神経・筋制御と治療	半田康延編著
E	治療工学(Ⅰ)	橋本大定著	E	治療工学(Ⅱ)	菊地眞編著
E	人工臓器(Ⅰ) ―呼吸・循環系の人工臓器―	井街・仁田編著	E	生体物性	金井寛著
E	細胞・組織工学と遺伝子	松田武久著	F	地域保険・医療・福祉情報システム	稲田紘編著
F	臨床工学(CE)とＭＥ機器・システムの安全	渡辺敏編著	F	医学・医療における情報処理とその技術	田中博著
F	福祉工学	土肥健純編著	F	病院情報システム	野瀬善明編著

定価は本体価格+税5%です。
定価は変更されることがありますのでご了承下さい。

図書目録進呈◆